我最喜爱的第一本百科全书

动物奥秘
一点通

周 周◎编著

北京联合出版公司
Beijing United Publishing Co.,Ltd.

图书在版编目（CIP）数据

动物奥秘一点通 / 周周编著. -- 北京 ：北京联合
出版公司，2014.8（2019.4 重印）
　（我最喜爱的第一本百科全书）
　ISBN 978-7-5502-3443-7

　Ⅰ．①动… Ⅱ．①周… Ⅲ．①动物-少儿读物 Ⅳ．
①Q95-49

中国版本图书馆CIP数据核字（2014）第190056号

动物奥秘一点通

编　著：周　周
选题策划：大地书苑
责任编辑：徐　秀　琴
封面设计：尚世视觉

北京联合出版公司出版
（北京市西城区德外大街83号楼9层　　100088）
北京一鑫印务有限公司印刷　新华书店经销
字数233千字　710毫米×1000毫米　1/16　14印张
2019 年 4 月第 2 版　2019 年 4 月第 2 次印刷
ISBN 978-7-5502-3443-7
定价：59.80 元

给小朋友的话

　　小朋友，你每天背着沉甸甸的书包，做着数不清的作业，是不是有时候会觉得辛苦、疲惫呢？可能有时候你也会这样想：如果获得知识也能像玩耍那样快乐该有多好啊！

　　本套丛书正是为你所设计的。从一个个简单、有趣的故事中，从一幅幅漂亮、好玩的插图上，使你在学习时能拥有一个轻松、舒适的氛围，并从书中探知你从前所不知道的世界，获得更多有用的知识。

序言

给家长的话

您的孩子现在正处于少年儿童时期，他们天真活泼、富于幻想，有很强的好奇心和求知欲，对身边的新鲜事物总是想要探究一下，"为什么"也就成了他们挂在嘴边的言语之一。这个时候，我们家长千万不能不理睬、不回应他们的好奇心，也不要随便找一本《百科全书》就扔给他们。作为孩子的启蒙教育者，我们更应该精心挑选一些适合他们这个年龄段阅读的生动有趣的知识性图书，并且要积极地引导他们在阅读过程中多加思考。这样不仅能够使他们真正获得丰富有用的知识，而且还能够培养他们主动思考的好习惯，从而开阔孩子的视野，并有益于他们未来的人生道路。

如今这个时代，人们极力呼吁素质教育和能力教育。从孩子的成长过程来看，能力最初来源于知识的不断积累和对思维方式的创新与开发。从无数的例子中可以发现，孩子最初并不常对某些事情发表看法，最主要的原因是他们对这些事情一无所知。然而，一旦他们非常了解一件事情，即使是最内向的孩子，也会想要将自己获得的知识告诉别人，此时如果得到鼓励，他将会更加积极地探究、思考更多的事情。长此以往，孩子的头脑中关于思考、创新的部分将得到很大的锻炼和提高，最终一定有利于他们未来的人生道路。

为此，我们特意编写了这套蕴含着丰富知识的系列丛书，在兼具科学性和趣味性的同时，结合当今时代的特征和少年儿童的特点，将最新的科学、人文知识介绍给广大的小读者们。这不仅可以帮助他们认识世界、了解世界，而且也是对课本内容的补充和深化，有助于提高孩子们的综合素质和个人能力。

目录

1 动物与植物有哪些区别？

　　植物和动物是生物的两大门类，那么，怎样来分辨一种生物是植物还是动物呢？

　　有一条非常严格的标准，那就是植物的细胞有着厚厚的细胞壁，而动物只有一层细胞膜，没有细胞壁。除了平时我们可以看到的少数寄生和腐生的植物以外，几乎都要进行光合作用来制造"食物"，是自给自足的生存方式；而动物则自己不能制造养料，需要捕食别的生物才能生存。

　　同时，植物的生长有一个过程，一般都要经历发芽、长叶、开花、结果、死亡等几个时期，一生几乎就只在一个地方生存

动物奥秘一点通

直到死亡。而大多数动物都可以到处跑来跑去，处于运动状态，许多动物都具有像眼睛、耳朵等基本的感觉器官，它们凭借这些器官来感觉周围的一切信息。此外，动物还有一些可以迅速传递周围信息的神经细胞，能够对变化快速做出反应。

动物的起源

约10亿年前，地球上仅生存着极微小的单细胞生物，比如细菌。大约5.45亿年前，有着坚硬外壳和体表的动物开始出现，这些动物全是无脊椎动物。又过了4500万年，脊椎动物出现，它们开始生活在海洋里，经过不断演化，最终形成了现在的动物界。

小资料

考考你

1. 植物的细胞有着厚厚的（　　）。
A 细胞核　B 细胞壁　C 细胞膜
2. 动物的细胞只有（　　）。
A 细胞核　B 细胞壁　C 细胞膜

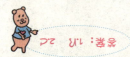

答案：1.B　2.C

2 为什么动物的尾巴不一样？

目前世界上生存着150多万种动物，除了猿和蛙等少数动物的尾巴已经退化外，绝大多数动物都有尾巴，这些尾巴有不同的外观，也有各自的妙用。

鱼类的尾巴好像它的舵，不仅可以控制方向，还是它前进的动力，相当于一台推动器；澳洲的袋鼠有一条粗壮有力的大尾巴，长达1.30米，可以当它的"第三条腿"，跳跃的时候，尾巴用来平衡身体；卷尾猴的尾巴很长，有着出色的缠绕能力，可以做出各种动作，比如攀登、爬树，甚至可以倒挂身子睡觉；壁虎和蜥蜴在情况危急的时候，会把尾巴留下来迷惑敌人，自己则逃之夭夭；老

虎的尾巴用处更大了，那可是它的武器，能使许多动物丧命；黄占鹿的尾巴是用来相互通风报信的，是"信号尾巴"，有人把它叫做动物的"信号旗"。这是为了便于在奔跑中互相联络，不致迷失方向。而仓皇溃逃的犬类动物通常夹起尾巴，这是失败服输的表示。

响尾蛇的尾巴为什么会响？

响尾蛇每蜕一次皮，尾部不脱落的部分就会角质化，出现一个角质环，这些角质环增多以后，就形成了一个内部中空的空腔，当响尾蛇摇动尾巴时，空腔内的空气发生震荡相互撞击，于是就有声音产生。

小资料

考考你

1.（　　）有一条粗壮有力的大尾巴，可以当它的"第三条腿"。

A 老虎　　B 鱼类　　C 袋鼠

2.（　　）的尾巴是武器。

A 老虎　　B 鱼类　　C 袋鼠

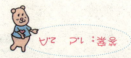

答案：1.C　2.A

3 动物的鼻子都有什么用处？

所有动物的鼻子都有着共同的作用，它不仅是呼吸道的一部分，也是闻气味的嗅觉器官。但各种动物鼻子的不同之处就需要一一而论了。

一般来说，嗅觉灵敏的动物，鼻子往往长而突出，鼻孔大而湿润，鼻腔内布满嗅

觉细胞。美洲巨型食蚁兽的鼻子仅次于大象，它善于在土堆瓦砾中寻找蚂蚁；狗能辨别出一千多种物质的气味；鲨鱼的鼻子可以在夜间闻到几千米外的血腥；野猪的鼻子坚韧有力，可以用来挖掘洞穴或推动40~50千克的重物，或当作武器来抵御外敌侵入，另外它的嗅觉特别灵敏，就连食物的生熟都可以用鼻子分辨出来！

鼻子结构不同，功能也不同。大象的鼻子可以随意收缩，是战斗的武器；水牛的鼻子可以排汗，有散热调温的功能；蝙蝠的鼻子可以发出两万赫兹以上的声波，就像雷达一样。

大象的鼻子有什么功能？

大象的鼻子除了呼吸和闻气味之外，还可以用来喝水：它先把水吸进鼻子里，然后闭起鼻孔，再把水放进嘴巴里。大象鼻子很灵敏，当它用鼻尖轻敲某样东西的时候，就能知道它的冷热轻重。大象的鼻子既能举起沉重的大树，也能拿起像是硬币一般大小的东西。它的鼻子还可以用来拥抱朋友或者攻击敌人。

小资料

考考你

1. 鼻子不仅是呼吸道的一部分，还是（　　）器官。
A 味觉　B 嗅觉　C 触觉
2. 一般来说，嗅觉灵敏的动物，鼻子往往（　　）。
A 短而平坦　B 长而突出

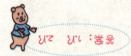

答案：1.B　2.B

4　鱼有耳朵吗？

　　鱼和其他动物一样，也是有耳朵的，只是人们没有注意到而已。鱼的耳朵在两眼后面的头骨里，只有打开头骨才能看到。

　　鱼的耳朵是由鳔、听小骨和内耳组成的，因此，鱼的听觉非常灵敏。它们的耳朵与鳔相连，水中的声音使鳔壁振动，就像声音穿过空气使鼓膜振动一样，这种振动通常沿着与鳔相连的一串小骨头传到耳朵里。但有些鱼不是靠小骨头传送振动，而是靠从鳔延伸出的管状器官来听到声音的。

　　英国鱼类学家克利多尔博士在进行研究时发现，当投放饵料时，摇铃声一响，就会有不少红鳟鱼云集而来，等待喂食，这说明了鱼的耳朵非常灵敏。

一般来说，人耳的听觉范围是每秒 16 ~ 20000 次振动的音波，而多数鱼耳所能感受到的，是每秒 340 ~ 690 次的音波。此外，鱼耳还有维持身体平衡的功能。

为什么钓鱼时要保持安静？

因为鱼是有听力的。鱼比较喜欢低频率的声音，如树叶落入水中的声音、细雨滴入水面的沙沙声等，这些声音它们已经习以为常了。但是如果突然发出大的声音，鱼就会惊慌地逃走。所以钓鱼的时候要注意：第一，不要大声说话；第二，不要来来回回地大声走动；第三，投饵时不要激起过大的浪花，一定要保持周围环境的安静。

小资料

考考你

1. 鱼的耳朵在两眼后面的（　）里，一般人们注意不到。

A 刺　　B 头骨　　C 鳞甲

2. 鱼的耳朵除了听声音，还可以（　）。

A 发出声音　　B 平衡身体　　C 喝水

答案：1.B　2.B

5 鲨鱼为什么只能生活在海里？

鱼类分为软骨鱼和硬骨鱼。硬骨鱼是靠鱼鳔的伸缩，才能自由地在水中升降。鲨鱼属于软骨鱼，没有鱼鳔，它的升降主要是依靠水的浮力来完成的。海水中的盐分比淡水中的高，浮力相对较大，所以鲨鱼只有在海里才能自由地游动。

鲨鱼素来都是海中的霸王，以凶残著称，人们往往闻之色变，而美国科学家大卫·鲍德里奇经过研究认为，仅有少量鲨鱼伤人是由于饥饿所致，而大多数鲨鱼在袭击人时，仅仅是咬上一口就离去了。假

动物奥秘一点通

如是在混浊的海水里，鲨鱼袭击人可能只是出于误会。另一种解释认为，鲨鱼把它的受害者视为一种威胁，也许是游泳者无意中打搅了鲨鱼的求爱追逐，或是阻断了它的逃跑路线，因此，就理所当然地遭到了鲨鱼的攻击。

鲨鱼在游动时用眼睛吗？

大多数鲨鱼很少利用视力，而是依靠其他超强的感官来探测猎物。它们只在最后要猛冲过去抓住猎物时才用到视力。许多鲨鱼习惯于在黑暗的海底和浑浊的水中生活，如果遇到明亮的光线，它们就会把瞳孔收缩成为一条窄缝，防止因过度刺激而导致失明。

1. 硬骨鱼靠（　　），在水中自由升降。
A 肺泡　　B 水的浮力　　C 鱼鳔的伸缩
2. 鲨鱼属于软骨鱼，依靠（　　）在海中自由升降。
A 肺泡　　B 水的浮力　　C 鱼鳔

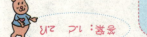

答案：1.C　2.B

6 为什么河豚的肚皮会膨胀？

动物都有保护自己不被天敌消灭的看家本领，那么河豚的看家本领是什么呢？

原来河豚的腹部皮肤比背部的皮肤松弛，而且长着刺。当它遇见敌人的时候，就迅速地冲到水面，张开大嘴使劲吸气，肠子前下方与胃相连的气囊就充满了气体，腹部随着膨胀起来，刺就立起来了，让敌人没有下口的地方。可以看出来，河豚的肚皮膨胀是它自卫的手段。

生物为了保护自己，都采用了不同的自卫方法。河豚的体内贮存着一种剧毒，叫做河豚毒素。当河豚遇到敌人的时候，就会从皮

动物奥秘一点通

肤上分泌出许多河豚毒素，使敌人马上放开它。虽然河豚有毒，但河豚的肉却味道鲜美。人们把河豚的内脏、血液、生殖腺去掉，并冲洗干净烹调出来，味道非常好，以至于有些人冒着中毒的危险来品尝这种美味，因此，有"拼死吃河豚"之说。

刺豚有什么绝招？

刺豚生活在深海珊瑚礁中。平时，刺豚身上的硬刺平贴在身上，与别的鱼没有太大的区别；但当它遇敌时，就会立即大口吞进海水，强大的水压使全身胀大2～3倍，倒下的硬刺也竖立起来，形成一个大刺球，让敌人无法下口，这样刺豚就可以避免被吞食的危险。

 考考你

1. 河豚的（　）长着刺。
A 背部　B 腹部　C 头部
2. 河豚的（　）前下方与胃相连的气囊就充满了气体。
A 肠子　B 肚皮　C 心脏

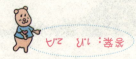
答案：1.B　2.A

7 为什么水母没牙却会咬人？

水母是一种腔肠动物，一般为青蓝色，它有着乳白色透明得像伞一样的身体，在海面上静静地飘浮着。

水母没有牙齿，然而却有人说水母会咬人。其实，水母的触手上和"伞盖"的边缘，都隐藏着许多刺细胞，这些刺细胞里面有毒液，还有一根盘卷着的刺丝。当水母遇到敌害

动物奥秘一点通

的时候，就会很快地将刺丝弹射到敌害的体内，并且放出毒液。当敌害被刺丝刺中的时候，就会像是被水母咬了一口一样，这就是水母会咬人的原因了。

有一种水母叫做僧帽水母，也称为葡萄牙军舰水母，分布在地球上的暖洋中，因为其形状像和尚的帽子而得名。它看上去很漂亮，其实它那像绸带一样的触手上面，布满了无数含有毒素的细胞，这种毒液的毒性可以和眼镜蛇相比，中毒后，能使人神经错乱，甚至死亡，简直是名副其实的美丽杀手。

为什么说水母是海洋里的风暴预报员？

水母触手中间的细柄上有一个小球，里面有一粒很小的听石，这是水母的"耳朵"。由海浪和空气摩擦而产生的次声波冲击听石，刺激着周围的感受器，水母便在风暴来临之前的十几个小时就能够得到信息，从而立即从海面上消失。

考考你

1. 水母（　　）牙齿。
A 有　B 没有　C 有的有，有的没有
2. 水母的触手上和"伞盖"的边缘，都隐藏着许多（　　）。
A 毒液　B 刺丝　C 刺细胞

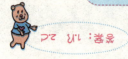
答案：1.B 2.C

8 海豚的智商有多高?

在水族馆里,海豚能按照训练师的指示表演各种美妙的跳跃动作,它似乎能听懂人的语言。那么,海豚的智商到底有多高呢?

海豚十分聪明伶俐,是因为它有一个发达的大脑,而且大脑沟回很多。一头海豚的脑均重为 1.6 千克,人的脑均重约为 1.5 千克,而猩猩的脑均重不足 0.25 千克。海豚脑部神经细胞的数目比人

类或黑猩猩的要多，密度几乎都相等，所以海豚脑部的记忆容量和信息处理能力与灵长类动物不相上下。

海豚的睡眠是独一无二的，在睡眠中，海豚的大脑两半球处于明显不同的状态之中：当一个大脑半球处于睡眠状态时，另一个却在清醒中；每隔十几分钟，大脑两边的活动方式变换一次，难怪人们称海豚是"不眠的动物"。

我们看到的海豚表演各种动作只能证明它的模仿能力强，除此之外，它还能准确地确定方向，即使在黑暗或混浊的海水中也能准确地识别目标。

为什么海豚可以长时间潜在海水里？

海豚和人类一样，都是靠肺来呼吸的哺乳动物。但是，海豚以鱼、虾等海洋生物为食，它们适应了长期生活在海水中，身体内的肌肉和血液经过体内的生物反应，能释放出氧气，保证呼吸的需要。因此，海豚长时间潜在水中也不会被闷死。

小资料

考考你

1. 海豚的脑神经细胞比黑猩猩的（　　）。

A 少　B 多　C 一样

2. 海豚是（　　）动物。

A 哺乳类　B 两栖类　C 鱼类

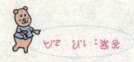

答案：1.B　2.A

9 为什么射水鱼能喷水打中昆虫？

射水鱼的嘴里能喷水，这是它得名的缘由。射水鱼是生存在东南亚的一种常见的鱼，一旦有捕食对象，射水鱼便偷偷游近目标，先行瞄准，然后从口中喷出一股水柱，将昆虫打落在水面。射水鱼喷水的本领很高，它能把水射到3米多高，距离30厘米内的昆虫很难逃命，它甚至能把好几米远的昆虫击落下来。为什么射水鱼有这样的本领呢？

这和射水鱼的嘴巴有关系。原来射水鱼的嘴里有一条小槽，在射水鱼喷水的时候，它就把吸取的水用舌头

抵在小槽里，有压力的水在喷发时，就会变得非常有力，像出膛的子弹一样，就能把昆虫击落下来。而且射水鱼的眼睛非常特殊，能够自动瞄准，所以射水鱼能既快又准地把昆虫击落下来。

弹涂鱼是什么样的一种怪鱼？

弹涂鱼由于身上的胸鳍非常发达，它可以利用身体的弹跳力和尾鳍的推动力，在沙滩上爬行。如果岸边正好有树木，弹涂鱼还能爬上树梢，捕捉昆虫和小动物。弹涂鱼可以把自己的鳃里装满空气，万一氧气不够用时，它会把尾巴插进泥土里吸取氧气，还可以利用皮肤和口腔黏膜呼吸空气。

小资料

考考你

1. 射水鱼的（　　）能喷出水，这是它得名的缘由。
A 皮肤　　B 肛门　　C 嘴里
2. 射水鱼的（　　）非常特殊，能够自动瞄准。
A 眼睛　　B 嘴巴　　C 尾巴

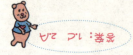
答案：1.C　2.A

我最喜爱的第一本百科全书

018

10 为什么蝴蝶鱼会变色?

　　热带海洋中鱼类的颜色光彩夺目。在我国南海的西沙、南沙、东沙群岛的热带鱼类，花花绿绿，让人难以判断谁更美丽，这些鱼由于色泽艳丽，惹人喜爱，有的被送到水族馆或公园里，供人们观赏。

　　每一种鱼都有自己的颜色，而鱼的颜色是与它所处的自然环境相适应的，起到保护自己的作用。然而蝴蝶鱼却是会变色的，这也是与它的生活环境有关。

动物奥秘一点通

蝴蝶鱼生活在五光十色的珊瑚礁的礁盘中，它的体色可以随着周围海水和环境的改变而改变。通常改变体色只需要几分钟的时间，甚至有的只需要几秒钟。原来蝴蝶鱼的体表有大量的色素细胞，这些色素细胞在神经系统的控制下，可以展开或收缩，体表就会呈现出不同的颜色。

奇妙的鱼尾

蝴蝶鱼的尾部非常完整，呈圆形，几乎看不到分叉。据说有一次，人们在东非捕获到一条蝴蝶鱼，尾部有一条类似阿拉伯文字的图案。有人翻译出它的意思是"世上真神唯有安拉"，结果这条鱼身价倍增，真是大千世界，无奇不有。

考考你

1. 蝴蝶鱼生活在五光十色的珊瑚礁的（　）中。
A 礁上　B 礁盘　C 礁底
2. 蝴蝶鱼的（　）有大量的色素细胞。
A 体外　B 体内　C 体表

答案：1.B　2.C

11　海里有美人鱼吗？

儒艮主要生活在热带和亚热带水域，多在距海岸 20 米左右的海草丛中出没，有时随潮水进入河口，取食后又随退潮回到海中，很少游向外海。它的体型像一只巨大的纺锤，有 3 米多长，400 多千克重，身大头小，尾巴像月牙。最难看的是它那像耗子一样的眼睛，鼻孔在头顶上，耳朵无耳檐，两颗獠牙从厚嘴唇边露出，样子十分难看。

有人说它像美人鱼，主要是因为它和人的生活习性有相近的地方。

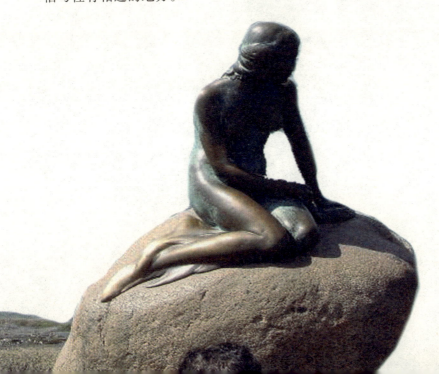

动物奥秘一点通

小儒艮都是吸吮妈妈的乳汁长大的；儒艮的体型也有点像女人的地方，它演化后的前肢——胸鳍旁边长着一对较为丰满的乳房，有如拳头大小，其位置与人类非常相似。所以在它偶尔腾海而起，露出上半身在海面上时，真有点像成熟女人的模样。

儒艮喂奶时以其粗壮的手拥抱着孩子，头部和胸脯全部露出水面，酷似在水中游泳的人，故有"美人鱼"之称。

海牛是海洋里游来游去的牛吗？

海牛不是牛，海牛就是儒艮，它是生活在海洋和河道中的一种海兽。海牛虽然叫"牛"，可是除了外翻的嘴与牛有点相似外，其他与牛根本毫无共同点。它虽然和鱼一样生活在水中，但与鱼也毫无关系。

1.（　）是一种海兽，有"美人鱼"之称。
A 儒艮　B 海豹　C 鲨鱼
2. 人们说儒艮是"美人鱼"，主要是它的（　）和体型与人相似。
A 眼睛　B 生活习性　C 嘴

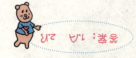

答案：1.A 2.C

12 大鲵为什么被称为 "娃娃鱼"？

娃娃鱼是目前世界上最大的两栖动物，学名叫大鲵或鲵鱼，是我国特有的两栖动物。

大鲵被称为 "娃娃鱼"，是因为它的叫声像婴儿的啼哭。它体态奇异，身上无鳞、无毛、无鳃，无鳍，与人一

样用肺部呼吸，棕褐色的身躯，长有地皮状花纹和隆起的小疙瘩。宽阔的头上有一双小眼睛，四肢短小，长有脚掌和脚趾，在陆地上行走，爬树就靠四脚，还有一条橹桨式的长尾巴。

娃娃鱼在野外有着特有的生活方式，它白天常常潜息在清

动物奥秘一点通

水的洞穴内，夜间才上树捕鸟为食，或者游出洞穴，张口对着流水，让鱼、虾、虫、蛙等食物囫囵流入肚里，娃娃鱼主要以此为寻食方式。井冈山溪涧纵横，洞泉密布，溪水清澈凉爽，是娃娃鱼生活的乐园。

娃娃鱼是怎么冬眠的？

娃娃鱼的新陈代谢缓慢，食物缺少时耐饥能力很强，有时甚至2～3年不进食都不会饿死。它在每年的9～10月活动会逐渐减少，冬季则深居于洞穴或深水中的大石块下冬眠，一般长达6个月，直到翌年3月开始活动。不过它入眠不深，受惊时仍能爬动。

小资料

考考你

1.（　）是娃娃鱼的学名，是我国特有的两栖类动物。
A 鲸鱼　B 鲤鱼　C 鲵鱼
2.娃娃鱼的叫声像婴儿的哭声，而且它用（　）呼吸。
A 鳔　B 肺　C 腮

答：1.C 2.B

13　比目鱼的眼睛为何长在同一边？

　　一般鱼身体的两侧都是对称的，而身体扁扁的比目鱼，身体却不对称，它的眼睛长在同一边，鼻子也偏向一侧，还有口、牙、胸鳍、腹鳍都不对称。

　　其实，比目鱼刚生下来的时候，眼睛是对称地长在头部两侧的。幼小的比目鱼非常好动，喜欢到水面上玩。当它长到 20 天左右，身体有 1 厘米长时，就开始侧卧在海底。侧卧时间长了，身体各部位生长不平衡，下面的身体变得特别扁，下侧的眼睛贴在海底也没有用了，这时，眼下软带开始不断增长，使这只眼睛不断向上移动，逐渐经过背脊到另一侧，与原有的另一只眼睛并列在一起。当它到了适当的位置后，眼眶骨很快

就会生成，眼睛以后就不再移动。它在游动时，身体侧着，长眼睛的一面向上，有利于发现食物和敌人。

有哪些鱼会长胡须？

在鱼类中，有不少鱼都长有胡须。它们的胡须不仅长、短、粗、细、圆、扁等形态不一，而且数目也不尽相同。鲱鱼生有 1 对胡须；鲤鱼、鲟鱼等生有两对胡须；海水中的海鲇和淡水中的大鲇都有 3 对胡须；胡子鲇生有 4 对胡须，泥鳅生有 5 对胡须；另外，还有长着 8 对胡须的鱼呢！

小资料

考考你

1.（ ）鱼的眼睛长在同一侧。

A 旗　B 箭　C 比目

2. 比目鱼除了眼睛不对称外，还有（ ）、牙、腹鳍都不对称。

A 口　B 鼻　C 尾巴

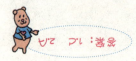
答案：1. C　2. A

14　乌贼肚子里为什么有墨汁？

　　乌贼又叫墨鱼或墨斗鱼，是软体动物。它的头部发达，有 1 对大眼，结构极为复杂，与高等动物的眼近似。头顶有口，口的周围有腕 10 条，其中 2 条触腕与体同长，顶端扩大如半月形勺，上面生许多小吸盘；其余 8 条腕较短，上面生有 4 列吸盘，均有角质齿环。在乌贼的腹面，头的下方有 1 个锥状肉质漏斗（又称水管），这是乌贼生殖细胞、排泄物、水、墨汁的出口，也是主要的运动器官。

　　最奇怪的是，乌贼的肚子里有个装有大量墨汁的"墨囊"，这是乌贼保护自己的一种武器。当它遇到鱼、海豚、企鹅等动物追赶时，就从墨囊里迅速喷放出墨汁，把周围的海水染成黑色，当敌人的眼前处于一片黑色的时候，它就可以从容地逃脱了。

动物奥秘一点通

乌贼的墨汁里含有毒素，可以麻痹敌人，这是乌贼的武器，也是它保护自己的一种方式。但是乌贼积蓄一囊墨汁，却需要相当长的时间，所以不到万不得已，它是不舍得将这些珍贵的墨汁喷出来的。

怎么章鱼也会喷墨?

章鱼，也叫鱿鱼、墨鱼，属于多足动物，它头部四周有八只手臂一样的触角。章鱼的身体下方也有一个墨囊，墨囊中贮藏着黑色液体。在情况危急的时候，章鱼就会和乌贼一样释放出黑色液体，把周围的海水染黑，来掩护自己逃脱。

小资料

考考你

1. 乌贼又叫（ ）。
A 乌鸡　B 鱿鱼　C 墨斗鱼
2. 乌贼是（ ）动物。
A 哺乳　B 软体　C 节肢

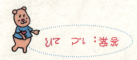
答案：1.C 2.B

15 为什么螺是"建筑师"？

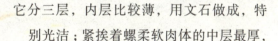

我们在海边散步的时候，会在沙滩上找到一些漂亮的螺壳，这些螺壳是螺的"房子"。

螺类动物中的海螺、田螺和蜗牛都是常见的无脊椎软体动物，他们都是有名的"房屋建筑师"，特别是海螺的壳最为美丽，具有很高的艺术欣赏价值。螺类的外壳都呈螺旋状，有的像宝塔，有的像纺锤，有的像陀螺，还有的像帽子或双锥。螺壳不仅外表漂亮夺目，而且非常实用，它分三层，内层比较薄，用文石做成，特别光洁；紧挨着螺柔软肉体的中层最厚，用方解石做成；外层也比较薄，是比较粗糙的彩色角质层，饰有花纹。

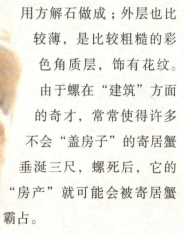

由于螺在"建筑"方面的奇才，常常使得许多不会"盖房子"的寄居蟹垂涎三尺，螺死后，它的"房产"就可能会被寄居蟹霸占。

为什么寄居蟹要背螺壳?

螺壳对寄居蟹的作用很大,如果它遇到可怕的敌人,就把身体缩进坚硬的螺壳中,使敌人无可奈何。

小资料

考考你

1. 螺类动物中的海螺、田螺和蜗牛都是非常常见的无脊椎（ ）动物。

A 环节　B 爬行　C 软体

2. 海螺、田螺和蜗牛都是有名的"房屋建筑师",特别是（ ）的壳最为美丽,具有很高的艺术欣赏价值。

A 海螺　B 田螺　C 蜗牛

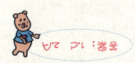

答案：1.C 2.A

16 珊瑚是动物吗？

在大海中，有许多五颜六色的珊瑚，有的像松树，有的像花丛，那里是鱼儿们的天堂。但是，珊瑚并不是植物，而是珊瑚虫群体死后留下的骨骼。

珊瑚虫属于只有内外两个胚层的腔肠动物，样子像一个双层口袋。它只有一个口，没有肛门，食物从口中进去，需要排出的食物残渣也从口中排出。珊瑚口的周围生了许多触手，触手可以捕捉

031

动物奥秘一点通

食物。珊瑚虫个体的身体微小细软，互相之间有共肉连接，所以叫珊瑚虫群体。共肉部分能分泌石灰质的骨骼，越积越多之后，就形成了美丽的珊瑚。

珊瑚虫有很多种类，它们都生活在海里，尤其喜欢水流快、温度高、比较清净的暖海地区。

死后的珊瑚虫群体骨骼用处很多：有些质地粗糙，可以用做烧石灰、制作人造石的原料；质地好的可以用做建筑材料；有些质地紧密、色泽鲜艳的可以雕琢成工艺品，特别是红色的尤为人们所珍视。

有骨骼的珊瑚

珊瑚只有水螅体，没有水母体。珊瑚的骨骼由躯体下部的基盘和体壁的皮层分泌的石灰质形成。内陷的骨骼与包在外面的骨骼共同形成了珊瑚座，珊瑚虫的下部就镶嵌在此座内，上部仍露在外面。

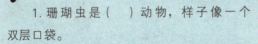

小资料

考考你

1. 珊瑚虫是（　　）动物，样子像一个双层口袋。
　A 甲壳　B 两栖　C 腔肠
2. 珊瑚虫身体很微小，互相之间有共肉连接，所以叫它珊瑚虫（　　）。
　A 群体　B 团体　C 群

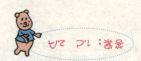

答案：1. C　2. A

17　黄鳝能自己改变性别吗？

变性美女已经不再是让人大惊小怪的事情了，可是你听说过会改变性别的鱼吗？雌黄鳝就可以变成雄黄鳝，它可不是通过手术哟！

一般情况下，雌性鱼类的身体里有卵巢，雄性鱼类的身体里有精巢，从生到死都不会改变，而黄鳝却与众不同。刚孵出的小黄鳝都是长有卵巢的雌性鱼，当小黄鳝发育成熟并产卵以后，卵巢就开始发生变化，原来生长卵细胞的组织渐渐转化为生长精子的精巢，于是，雌

动物奥秘一点通

鳝就变成可以排放精子的雄鳝了。这时，它就固定成为雄性，即使排完精子以后也不会再变回雌鳝了，黄鳝的这种特性叫做"性逆转"。

这种特性对于黄鳝种族而言是很有利的，每年都会有一批雌鳝变成雄鳝，每年又有一批雌鳝繁殖出来，保持了其种族的延续性。

选购黄鳝最简单的方法是什么?

在选购黄鳝用于养殖时，若对黄鳝的质量通过体表检查未发现异常，可将其放入水中，若发现长时间伸头出水的黄鳝则应将其剔出。若发现伸头出水的黄鳝较多，则不要收购该批黄鳝。

小 资 料

考 考 你

1. 可以自己改变性别的鱼类是（　　）。
A 鲤鱼　B 带鱼　C 黄鳝
2. 黄鳝改变性别的特性在科学上称为（　　）。
A 性变异　B 性逆转　C 性逆变

答案：1.C　2.B

18 河马的五官为什么都长在头顶上？

河马是生活在非洲湖泊里的一种哺乳动物，是最大的非反刍偶蹄目动物。河马长得很丑陋，它们的外表看上去像一只硕大无比的猪，它的身躯特别肥胖，嘴巴大大的，眼睛小小的，看上去很可怕。但是，河马只吃水草和树叶，它长着一张簸箕状的血盆大口，张开时上唇可以高过头顶，能够达到90度，一个小孩藏在其中也不成问题。

河马的眼睛、鼻子、耳朵等五官几乎都长在头顶上。原来，河马天生喜欢待在水中，只有等到夜深人静的时候，才到岸上寻找食物。白天，当它把自己全部隐藏到水中的时候，只要稍微露出一点脑袋，感觉器官就正好超出水面。这样一来，河马既能通过这种手段来隐藏自己，又可以通过水面上的眼睛和耳朵关注外面的世界，监视周围的动静，还可以用鼻子来呼吸到新鲜的空气，一举两得。所以，河马将五官长在头顶与它特殊的生活习性相关。

会流血的皮肤

河马经常全身"流血"，却似乎习以为常，不见丝毫痛苦状。其实，这并不是血，而是河马在炎热的环境中待久了，就会从汗腺中排出一种呈粉红色的油脂性汗，像红色血液一般，这种"血汗"可以起到很好的防晒和避免脏水浸染的屏障作用。

小 资 料

考 考 你

1. 河马是（　）动物。
A 食人　B 肉食　C 植食
2. 河马的眼睛长在（　）。
A 鼻子上面　B 头顶上　C 鼻子下面

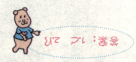
答案：1.C 2.B

19 "海上老人"是谁？

　　海獭是肉食性哺乳动物，是稀有动物，只产于北太平洋的寒冷海域，分为海水海獭和淡水海獭两种。其中，海水海獭被称为"海上老人"。

　　海水海獭集中于北美西海岸，从加州到阿拉斯加，以及这一地区北部水域的宽阔地带。海水海獭比淡水海獭大，体重也比淡水海獭重得多；海獭的身上长有动物界中最紧密的毛发（每平方寸有一百万根），为暗褐色；外表好象覆盖了一层霜，还长着白色的胡须，这就是"海上老人"绰号得来的原因。

动物奥秘一点通

海水海獭很调皮，时常仰浮在水面上，把自己的肚子当成餐桌，把螃蟹、海胆和其他海生动物捉来吃掉。

淡水海獭主要集中在墨西哥到阿拉斯加之间的溪湖里面，通常住在溪边或湖旁的洞里，里面铺着树叶。淡水海獭虽然好动，却很害羞，不常被人看见。

038

有没有旱獭？

旱獭又称土拨鼠，是一种很有趣的哺乳动物。旱獭的头宽而短，耳朵小而圆，四肢短小有力，非常适于挖掘。旱獭毛粗糙，毛色为浅黄褐、褐、浅红褐色或黑白混合而成的灰白色。旱獭栖息于山区平原的开阔地区，一有风吹草动就发出刺耳的啸叫。

考考你

1.海獭是（　）性哺乳动物。
A 混合　B 肉食　C 植食
2."海上老人"绰号是（　）。
A 海水海獭　B 海獭　C 淡水海獭

答案：1.B　2.A

20　鸭嘴兽怎么生活?

　　鸭嘴兽是澳大利亚的特产动物。它全身长着浓褐色的短毛,嘴巴外形很像鸭嘴,故此得名。鸭嘴兽虽然属于哺乳动物,却和爬行动物一样是卵生的,生殖、排泄都通过唯一的泄殖腔,属于单孔类。

　　鸭嘴兽的四肢健壮,向外延伸,行走时匍匐前进,腹部常着地,样子很像爬行类。但是它们具有哺乳动物的特征,有乳腺,以乳汁哺育幼兽,体表有毛。鸭嘴兽一般白天睡觉,晚上才出来捕食,它们的食物主要是蚯蚓、蚱蜢、青蛙等,食量非常大,而且吃相很可爱。

　　鸭嘴兽的大部分时间都在水里度过,有人

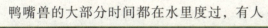

戏称它们的"婚礼"也是
在水里举行的。鸭嘴兽喜
欢把洞穴建在水边，洞穴一般为
一二十米长，有两个出口，一个通到水里，另一个通
到岸上。它打洞的速度非常快，用嘴喙拱土的同时用前爪刨土，一会儿
就穿凿成功了。

鸭嘴兽怎样繁殖后代?

虽然鸭嘴兽属于哺乳动物，但却和爬行动物
一样会下蛋。鸭嘴兽的蛋需要十几天的孵化，幼
兽就出世了。起初幼兽并不进食，但过不了几天，
鸭嘴兽妈妈就会用自己的乳汁来喂养它的小宝宝，
直到宝宝能够独立生活为止。

考考你

1. 鸭嘴兽的大部分时间都是在（　）度
过的。
　　A 树上　B 水里　C 陆地
2. 鸭嘴兽是（　）动物。
　　A 植食　B 爬行　C 哺乳

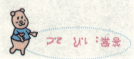
答案：1.B 2.C

21 牛蛙能吃蛇吗？

牛蛙是蛙的一种，体长约 20 厘米，原产于北美洲洛基山脉西部，是蛙类中仅次于非洲

林溪蛙的大型食用蛙。牛蛙的眼球外突，分上下两部分，下眼皮上有一个可褶皱的瞬膜，可将眼闭合。牛蛙的四肢粗壮，前肢短，无蹼。雄性个体第一趾内侧有一明显的灰色瘤状突起；后肢较大，趾间有蹼。牛蛙的肤色随着生活环境而多变。

雄性牛蛙有声囊，鸣叫声特别响亮，远远地听像是牛叫，"牛蛙"也因此而得名。

牛蛙吃蛇虽然不常见，但是这也是有可能发生的事情，因为牛蛙的个头比较大，性情凶猛。在野外，雄蛙占据池塘或水田作为自己的地盘，如有另外一只牛蛙进入

它的领域，它就会向入侵者发起进攻，直到把它赶出去为止。牛蛙以昆虫、小鱼、小蛙、螺类为食，有时候，偶尔也会在小水蛇不注意的时候，张开大嘴，把小水蛇的头部咬住，再慢慢地往肚子里吞。

青蛙和蟾蜍有什么区别?

蛙的皮肤比蟾蜍的皮肤更加光滑，腿更长。蟾蜍的皮肤有疣状突起，看起来疙疙瘩瘩的。大多数的蛙生活在水中或是靠近水的地方。蛙可以用长着蹼的脚在水中游动，蟾蜍则更喜欢陆地生活。

小资料

考考你

1. 牛蛙在蛙类中是比较大的，体长约（　　）厘米。

A 10　B 20　C30

2. 雄性牛蛙有声囊，鸣叫声特别响亮，远远地听像是（　　）叫，"牛蛙"也因此而得名。

A 狗　B 羊　C 牛

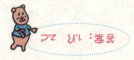

答案：1.A　2.C

22 螃蟹为什么要横行？

大多数动物都是向前走的，而螃蟹却是有名的"横行将军"，它为什么不向前爬呢？原来是因为它的身体结构决定了它的爬行方向。

螃蟹是节肢动物，它身体的表面有一层硬硬的甲壳，头部和胸部连在一起，腹部是扁平形的，叫"蟹脐"。螃蟹的两侧对称地长着1对螯足和4对步足。螯足分别向头部靠拢，是捕捉食物的工具和攻击敌人的武器，步足分别向左右两侧伸出，是用来爬行的或在水里游动的。

螃蟹的每条步足都有关节，和其他节肢动物不同的是，它的关节只能上下

动物奥秘一点通

方向活动，而不能前后转动。它在爬行时，由一侧的步足足尖抓住地面，另一侧足尖向外伸直，把身体推送向侧面移动。由于步足的长短不一样，所以螃蟹虽然是横行，爬的也不是一条直线，但它这种爬行的姿态却是在动物界里独一无二的。

"眼观六路"的螃蟹

螃蟹长着一双非常特殊的眼睛——柄眼。顾名思义，它们的眼睛是长在柄上的，柄的基部有可以灵活运转的关节，使得这一长形的柄既可以竖起，又可以倒下。竖起时，可以眼观六路，倒下时，甚至可以连柄一起藏在眼窝中，毫不碍事。

小资料

考考你

1.螃蟹是（　）动物。
A 甲壳　B 节肢　C 软体
2.螃蟹的 4 对步足不一样长，所以爬行时（　）沿着一条直线。
A 会　B 不会

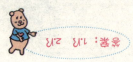
答案：1.B　2.B

23 为什么蒸煮过的虾和蟹是红色的？

许多动物身上的颜色可以保护自己，生活在水中的虾和蟹也不例外。我们经常看到的青虾和青蟹，它们的血液其实是无色的，但由于甲壳下的真皮层中有一种叫虾青素的东西，在环境和光线的影响下扩散开后，虾和蟹看起来就略带透明的青色了。

当虾和蟹经过蒸煮后，体内的虾青素就会分解，而它们体内还有一种虾红素却不怕高温，会在整个身体中扩散并沉淀，所以虾和蟹煮熟后就会成红色的了。不过，在虾和蟹的真皮层中，虾红素的分布是不均匀的。因此虾和蟹煮熟后，并不是通体红彤彤的，虾红素分布的多少决定着颜色的分布。由于螃蟹的腹部根本没有虾红素，所以无论蒸煮多少次，永远都不可能变成红色哦！

动物奥秘一点通

我们去市场上买活虾时，可以利用虾身上的色素规律，识别哪种是新鲜的虾。如果虾放置时间长，头部和背部会变成浅浅的红色，那肯定就不是新鲜的虾啦。

龙虾是什么样的？

龙虾躯体粗大而雄壮，身披坚硬并且红光闪闪的"盔甲"。在它们的头胸甲和长长的第二对触角表面，长有许多粗短而吓人的尖刺。它们还有五对斑斓绚丽的长足以及同样显眼的两条直伸向前的长触角，它们迈着步足在海底爬行时，真有些像传说中的海底龙王！

小 资 料

考 考 你

1.虾和蟹的血液是（　）的。

A 青色　B 无色　C 红色

2.煮过的青虾变成红色，是因为体内的（　）被分解。

A 虾青素　B 血红素　C 虾红素

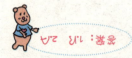

答案：1.B 2.A

24　虾皮是虾的皮吗？

很多人都以为虾皮就是虾的皮，事实上，虾皮是一种小虾，它的真名叫做毛虾，是我国沿海的特产。这种虾长得扁扁的，长约3～4厘米，有一对红色的触角，比身体长3倍，肉少而皮薄，所以，把它们叫做虾皮。

毛虾是不能新鲜保存的，它只能被晒干或者煮熟晒干来保存，我们平常吃的虾酱和虾油都是用毛虾加工而成的。春季捕捞出来的毛虾可以制成虾米，但是剥落下来的残渣不可以食用，只可以用来作肥料。

动物奥秘一点通

与毛虾外形酷似的磷虾

　　磷虾外形酷似小·虾类。磷虾的身体一般都比较透明，不会爬行，但是游泳的速度很快，由于它身上会发出点点磷光，所以叫做磷虾。磷虾一般比较小，只有1－2厘米长，生活在南极的磷虾比较大，有4－5厘米长。在磷虾的两个眼柄下面和胸足的基部，都有一个球形的发光器，发光器中央有能够发光的细胞。

小资料

考考你

　　1.虾皮的真名是（　）。
　　A 大虾　　B 对虾　　C 毛虾
　　2.毛虾的触角是（　）色。
　　A 红　　B 黄　　C 绿

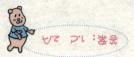

答案：1.C　2.A

25 为什么鳖是一种营养丰富的水产品？

鳖，又叫做甲鱼、团鱼等，是爬行纲鳖科类动物，它身体边缘有厚实的裙边。鳖的营养价值非常高，比同类水产品和肉食品要高出许多，特别是蛋白质的含量比一般的鱼类还要高。

经过专家的分析，每100克鳖肉和裙边中含有蛋白质达17克，脂肪1克，碳水化合物1.6克，钙107毫克，磷135毫克，还有其他硫胺素、核黄素、尼可酸等人体所需的多种营养素和氨基酸。尤其以组氨酸含量最高，含有糖类，裙边中还富有角质，所以，鳖肉吃起来

比较鲜美。鳖不仅可以食用，而且它的甲、血、肉、脂肪、胆、卵都可以入药，具有滋阴除热、益肾、健骨的功效。所以说，鳖不仅是一种营养丰富的水产品，而且具有很高的药用价值。

鳖虽然没有乌龟那样坚硬的外壳，但是它有一副利牙。人们说，如果被鳖咬住，非得等到打雷，它才会松口，其实只要把它放到水里，它就会松口。

鳖与龟有什么不同?

鳖外形与龟相似，但它们并不相同。鳖的外形呈椭圆形，比龟更扁平；鳖通常背部和四肢呈暗绿色，有的背面浅褐色，腹面白里透红；它的背腹甲上着生柔软的外膜，没有龟那样的条纹，也比龟软，周围是柔软细腻的裙边。

1. 鳖，又叫做甲鱼、团鱼等，是爬行纲鳖科类动物，身体边缘（ ）厚实的裙边。

A 有　B 没有　C 有的有，有的没有

2. 鳖（ ）含量比一般的鱼类还要高。

A 碳水化合物　B 脂肪　C 蛋白质

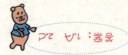

答案：1.A　2.C

26 乌龟真的可以万年长寿吗?

乌龟的四肢和头部的骨头特别软,当它紧张或遇到危险时,它的头和四肢都会缩到坚硬的壳里,把自己保护起来,同时,乌龟身上有很好的保护色。

乌龟应该是世界上最长寿的动物了,科学家认为这与它们性情懒惰、行动缓慢、新陈代谢水平低有关。

龟的心脏机能很特别,从活的龟体内取出的心脏有的竟然可以连续跳动两天。另外,龟长寿无疑还与它们的生理机能密切相关。

动物奥秘一点通

另外，根据动物学家和养龟专家的观察和研究，发现以植物为生的龟类的寿命一般要比吃肉和杂食的寿命长。

龟的长寿与它的呼吸方式也有关系。龟没有肋间肌，呼吸时，必须用口腔下方一上一下地运动，才能将空气吸入口腔，并压送至肺部。在呼吸的同时，头、足一伸一缩，肺也就一张一吸，这种特殊的呼吸动作，也是龟得以长寿的原因。

乌龟在中国的传统文化中象征着长寿，难道乌龟真能长寿到活上千年、上万年吗？其实不然，一般寿命最长的龟大概可以活到300岁。

谁是最美丽的海龟？

最美丽的海龟要数玳瑁了。玳瑁的背甲十分美丽，呈棕红色而且有黄色花斑，盾片都呈覆瓦状排列，背甲在日光下闪现湖泊样光辉，瑰丽可爱。它们生活在热带和亚热带海洋，经常出没于珊瑚礁中。

考考你

1.乌龟一般可以活到（　　）岁。
A 300　B 200　C 100
2.乌龟遇到危险时，会把头（　　）。
A 藏到沙子里　B 钻到水里　C 缩到硬壳里

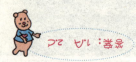

答案：1.A 2.C

27 为什么鳄鱼会流眼泪?

鳄鱼其实并不是鱼,而是既可以在水里生活又可以在陆地生活的两栖类动物。鳄鱼吃水中的

昆虫、甲壳类、鱼类、蛙类、蛇类,有时也吃小兽类。非常让人不解的是,鳄鱼在吃小动物的时候,眼睛里会流出液体。其实这种液体不是眼泪,而是鳄鱼在利用泪腺排出多余的盐分,使身体内的盐分达到均衡。由于它的泪腺长在眼睛的周围,人们就以为它在流泪,所以,人们常常用鳄鱼的眼泪来形容假慈悲。

053

动物奥秘一点通

鳄鱼多数分布在热带地区，独有扬子鳄生活在我国。扬子鳄一般以鱼、虾、蚌、蛙和小鸟等为食。鳄鱼在陆地上爬行的时候，能够睁着眼睛寻找食物；当鳄鱼潜入水中的时候，同样也是睁着眼睛寻找食物。原来鳄鱼除了有上下眼皮以外，还有透明的"第三眼皮"。当它在陆地爬行的时候，这个眼皮就自动收上去，当进入水中的时候就把这个眼皮放下来。

为什么鳄鱼要定期换牙？

鳄鱼的牙齿是它的"武器"，保持牙齿的锋利对鳄鱼很重要。许多动物的牙齿在长成后不会更换，终其一生。而鳄鱼却不同，它们的旧牙会定期脱落长出新牙。小牙在老牙下方发育，到长成的时候，就把老牙挤出去，成为新牙。

1. 鳄鱼是（　）类动物。

A 爬行　B 两栖　C 鸟

2. 鳄鱼（　）鱼。

A 是　B 不是　C 不一定

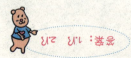

答：1.A　2.B

28 为什么蛤、蚌里会长珍珠？

海里的蛤、蚌是珍珠诞生的摇篮，但是并不是所有的蛤、蚌里面都有珍珠，只有寄生虫寄生或有外物侵入体内的蛤、蚌，才会产生珍珠。蛤和蚌体外都有两片硬壳，两片硬壳的内壁上，都长着一片柔软的膜。这两片膜像外套一样包裹着蛤、蚌柔软的身体，所以叫外套膜，贝壳就是由外套膜所分泌的物质形成的。当寄生虫钻进蛤、蚌坚硬的贝壳内时，蛤、蚌为了保护自己，它的外套膜就快速分泌珍珠质，将这个寄生虫包住，时间久了，就形成了珍珠。

有时候，一些沙子掉进蛤、蚌里面，蛤、蚌无法将它们排出去，受了刺激的外套膜分泌出珍珠质来逐层包住它们，久而久之，就形成珍珠了。珍珠贝或蚌的贝壳的最里层闪烁着珍珠般的光彩，是最美丽最富有光泽

动物奥秘一点通

的珍珠层，它就是由外套膜分泌的珍珠质构成的。人们知道了珍珠的形成原理以后，就可以进行人工培植珍珠了。

扇贝的身体结构

扇贝是一种广泛分布于世界各个海域的软体动物，以热带海洋中的种类最为丰富。它的身体由三个主体组成：中间主体，被称为内脏囊，被石灰质的贝壳所覆盖；从内脏隆起伸出感觉和摄食的部分是头部；与运动相关的部分是内足。

考考你

1. 只有寄生虫寄生或有外物侵入体内的蛤、蚌，才会产生（　　）。

　　A 金子　　B 珍珠　　C 玛瑙

2. 当寄生虫钻进蛤、蚌坚硬的贝壳内的时候，蛤、蚌为了保护自己，它的（　　）就快速分泌珍珠质，将这个寄生虫包住。

　　A 内膜　　B 外膜　　C 外套膜

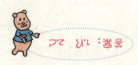

答案：1.B 2.C

29　小蝌蚪是怎样变成青蛙的？

青蛙小的时候叫蝌蚪，长大之后才叫青蛙。那么，从小蝌蚪到青蛙，它经历了怎样的变化呢？众所周知，青蛙是两栖类动物，它既能在水里生活，又能到陆地上生活。

青蛙的卵一般产在水里，经过4～5天之后，小蝌蚪就孵出来了。小蝌蚪很像鱼，有一条长长的尾巴，在水里游来游去；紧接着就慢慢地长出后腿，然后再长出前腿，尾巴也随之逐渐变短；当它的尾巴消失的时候，就彻底变成了幼蛙，幼蛙长大以后就是青蛙了。小蝌蚪是用鳃呼吸的，青蛙是用肺呼吸的。从小蝌蚪到幼蛙大概需要两个月的时间，从幼蛙到青蛙大约需要三年的时间。

世界上最大的蛙是非洲喀麦隆的巨蛙，它的身体有30厘米长。世界上最小的蛙是生活在古巴的矮蛙，整个身子不过1厘米，大概和人的小指甲盖一样大小。

057

动物奥秘一点通

为什么说角蛙是蛙中的"魔鬼"？

角蛙头部有角状突起，外形狰狞可怕，性情粗暴，具有攻击性，它是蛙中的"魔鬼"，许多性情温和的蛙通常是它们的口中之食。角蛙天生一张大嘴巴，甚至连老鼠也能整只吞下。对它们来说，三两口将同类吞进肚中是极为轻而易举的事。

小资料

考考你

1. 青蛙是（ ）类动物。
A 节肢　B 两栖　C 爬行
2. 青蛙是用（ ）呼吸的。
A 口　B 鳃　C 肺

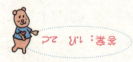

答案：1.B　2.C

30 青蛙是怎么捉害虫的？

　　青蛙喜欢生活在潮湿的地方，因为那里害虫最多。青蛙的舌头前端是固定的，后端能自由翻转。当昆虫在青蛙身边活动时，青蛙就会迅速跳起来，把舌头翻出来，依靠舌头上分泌出来的黏液，把虫子粘住，然后，舌头返回口腔，把食物吞入口中。如果昆虫正飞向它时，它会静止不动，等昆虫飞近时，再翻出舌头把虫子吃掉。

　　但是，如果青蛙旁边躺着一只死虫子，青蛙却不会去吃的，这是为什么呢？

　　原来青蛙的眼球不会调节，它对活的东

动物奥秘一点通

西敏感，但对不动的东西却很难发觉，所以即使它在青蛙面前，青蛙也发觉不了，更别说去吃了。

青蛙是捕捉害虫的高手，是绿色田园的卫士。它每天捕食大量的蚊子、苍蝇和危害农作物的金花虫、螟虫、蝼蛄等，据统计，每只青蛙一年可以消灭1万多只害虫。所以，我们要保护青蛙，把它当成我们的好朋友。

为什么青蛙吞食时要眨眼？

青蛙捕捉到食物后未经咀嚼就吞下去，因此在喉咙口就很难下咽，需要有一个向里推的力量才能将食物咽下，而青蛙的眨眼就是这样一种力量。因为当青蛙的眼肌收缩时，眼球能稍向口腔突起，产生压力使口腔中的食物下咽。因此，青蛙吞食时要眨眼。

小资料

考考你

1. （　）是捕捉害虫的高手，是绿色田园的卫士。

A 青蛙　B 蛇　C 蟾蜍

2. 青蛙舌头的（　）端是固定的。

A 前　B 中　C 后

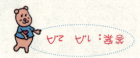

答案：1.A　2.A

31 为什么鲤鱼会跳水？

"鲤鱼跳龙门"，常常用来形容一个人进入了更高一层社会阶层或地方。其实，鲤鱼真的很喜欢跳跃，有的甚至能跳出水面一米多高呢！

人们发现，鲤鱼跳水是周围环境的变化引起的。当有敌人突然袭击，或者前面路途中遇到障碍时，鲤鱼就会跳跃起来。有时候，鲤鱼为了迅速捕捉到食物或者受到突然的恐吓，也会跳出水面。

有一种叫做"跳白"的捕鱼方法，就是在小船底部涂上白色，夜晚在船上点一盏灯，灯光照在水面上。白色的船底就像镜子一样能反射光线，把灯光反射到水底，水下的鲤鱼就会由于受到惊吓而跳到船上。另外，鲤鱼如果到了快产卵的时候，身体里会产生一些能刺激神经的东西，由于这种生理上的变化，鲤鱼也特别喜欢跳跃。还有人发现鲤鱼一般喜欢在黄昏的时候跳跃，因为它们生性比较活泼。

动物奥秘一点通

为什么鱼会有腥味？

　　鱼都有腥味，这是怎么回事？原来，鱼的皮肤里有一种黏液腺，黏液腺分泌出的黏液里有一种有腥味的东西，叫甲胺，甲胺很容易挥发到空气里，于是，人们就闻到了鱼的腥味。

小 资 料

考 考 你

　　1.（　）是一句俗语，常常用来形容一个人进入了某种更高一层社会阶层或地方。

　　A 鲤鱼跳龙门　　B 狗急跳墙　　C 佛跳墙

　　2. 鲤鱼到了快（　）的时候，身体里会产生一些能刺激神经的东西，由于这种生理上的变化，鲤鱼也特别喜欢跳跃。

　　A 呼吸　　B 死亡　　C 产卵

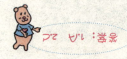

答案：1.A 2.C

32 河马为什么常潜在水里？

河马生活在非洲水草繁茂的河流湖沼中。它白天总泡在水里吃水草，它的食量很大，每天能吃大概 60 千克的食物。如果水中的食物不够吃，晚上它就会跑到岸上来吃草，或者偷吃一些农作物，但它睡觉时是在岸上。

白天河马常潜在水里，因为它四肢短，脑袋又太大，如果长时间在陆地上行走，四肢难以支撑巨大的身躯，沉重的头颅又带来很大的不便，而河水的浮力却可以使

动物奥秘一点通

它减轻一些重量，在水里也凉快些。还有一个原因，就是河马的皮肤要经常保持湿润，以免干裂，所以河马就不得不泡水了。

同时，河马喜欢泡在泥浆里，让身体布满泥巴，这是为了避开蚊子、苍蝇、跳蚤和虱子的叮咬。

河马身上真带有"水下发报机"吗？

河马潜入水中时，阀门一样的肌肉组织会自动封闭它们的耳孔和鼻孔，但这并不影响它们在水下的听力和向同伴发出信号。被封闭的气孔中，能发出只有河马们听得懂的"嗡嗡"声和"嘀嗒嘀嗒"声。

1. 河马的四肢短小，不能支撑沉重的身体，所以靠（ ）来减轻身体的重量。

A 水的压力　B 水的阻力　C 水的浮力

2. 河马让身体布满泥浆是为了（ ）。

A 防止野兽攻击　B 防止蚊虫叮咬　C 防止晒伤皮肤

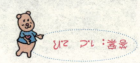

答案：1.C 2.B

33 哪些鱼会放电？

世界上会发电的鱼约有 500 多种，电鳐是最早被发现的。电鳐分布在太平洋、大西洋、印度洋等热带海域，在我国的东南沿海也有分布。

电鳐的身体扁平，光滑无鳞，头和胸部连在一起，尾部呈粗棒状，像团扇，背面前方的中央有一对小眼睛，腹面有一个横裂状的小口，口的两边各有 5 个腮孔，体长可达 2 米。

电鳐是怎么发电的呢？科学家们发现，在电鳐的头胸部的腹面两侧，各有一个肾脏形、蜂窝状的发电器官。这两个发电器，是由许多肌肉纤维组织的电板重叠而成的六角形柱状管，每个发电器中大约有 600 个这样的柱状管。

动物奥秘一点通

当电鳐的大脑神经受到刺激的时候，这两个发电器就能把神经能变为电能，放出70～80伏电压的电来，将小鱼、小虾及其他小动物击昏吃掉。

电鲇能发出800伏的电压，是发电鱼的冠军。此外，电鳗也会发电。

鳐类的尾刺有什么用?

鳐类的尾鳍已经退化成一条长鞭状的尾巴，有的种类上面还长有一个坚硬的带倒钩的刺，这根刺用于刺死猎物和防御敌人。它们能够灵活迅速地使用这个武器，快速弹起尾部，即使是前方的动物也会被刺到。有些鳐类的尾刺还有剧毒，它们就可以通过尾刺将毒液注入入侵者的身体。

小资料

考考你

1. 世界上会发电的鱼约（　　）多种。
A 300　B 400　C 500
2.（　　）是最早被发现会发电的鱼。
A 电鳐　B 电鳗　C 电鲇

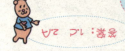

答案：1.C　2.A

34 海洋里谁最凶猛？

　　鲨鱼有 250 多种，是海洋鱼类最为恐怖的"恶魔"，它生性残忍，以食鱼为主，也吃海豚、海豹和企鹅，但大多数鲨鱼并不袭击人类。只有大白鲨、蓝鲨、虎头鲨吃人。最可怕的是大白鲨，它有 12 米长，吃人对它来说是很平常的事情，甚至连巨大的海象，它也能一口吞下。

　　鲨鱼形体扁长，前宽后窄，呈流线型，尾巴竖立，皮肤坚实，生有斑点和花纹。鲨鱼的嘴巴大得出奇，有三角形牙齿，从前至后依次排列，牙齿边上还长着细小的锯齿，锋利异常，能把任何生物咬碎。鲨鱼在撕咬猎物

动物奥秘一点通

时，一些尖锐的牙齿会脱落，这是因为这些牙齿不是长在颌内，而是长在皮肤里的。旧的牙齿脱落了，又会有新的牙齿来替代。有些鲨鱼在一生中要脱落、更换3万多颗牙齿。

为什么说鲨鱼是海洋清洁工？

鲨鱼号称"海中之狼"，嗜肉成性，但主要捕食海洋中衰老和患病的鱼类。所以，海洋中不能没有鲨鱼，正是鲨鱼这种特殊的"海洋清洁工"吞食了那些染病的鱼，才保证了海洋的"健康"与大海的生机。

 考考你

1. （　）是海洋里最凶猛的动物。
A 带鱼　B 乌贼　C 鲨鱼
2. 在鲨鱼中，最可怕的是（　）。
A 虎头鲨　B 大白鲨　C 蓝鲨

 答案：1.C 2.B

35 养金鱼为什么要 "养鱼先养水"？

我国是最早饲养金鱼的国家，金鱼是我国的一种艺术特产，世界各国的金鱼都是直接或间接由我国引种的。但是并不是所有的水质都可以养金鱼，养金鱼需要先养水。

金鱼需要大量的氧气。为了使金鱼获得足够的氧气，水面应该比较大，可以增加水的溶氧量，也便于水中的有害气体散发到空气中；同时还要保持水面的清洁。养金鱼的水还必须有一定量的浮游生物，各种浮游生物与金鱼保持相对平衡。

金鱼和其他鱼一样属于变温动物，所以对水温的要求比较高，水温低于12℃，金鱼的代谢就会缓慢，生长基本停止；水温如果高于30℃，金鱼的活动和摄食也会受到影响。

所以，需要经常用温度计来测量水温的高低。

家庭饲养金鱼水体一般在几升至1立方米，水质与水环境极易变化。在炎热的夏、秋季节每天排污1～2次，换水1～2次，每次换水量视水体大小为2/3～1/3，有条件的可装小型增氧机或充气机，或2～3天全部换水并洗刷鱼缸一次。

为什么鱼要大量产卵？

鱼之所以要产出数量很多的卵，是因为单个鱼卵成活到成年的机会非常小。大多数鱼产下几万个卵之后，便对其无能为力了，因为许多卵在孵化以前就会被吃掉。那些像海马、刺鱼之类能够给予后代某种形式的照料的鱼，产卵的数目就相对要少些。

小资料

考考你

1. 最早饲养金鱼的是（　　）。
A 英国　B 美国　C 中国
2. 金鱼和其他鱼一样属于（　　）动物。
A 变温　B 冷血　C 恒温

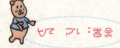

答案：1.C　2.A

36　鱼死了为什么肚皮朝天？

在大多数鱼的身体内，有一种调节身体比重的器官，那就是鳔。鱼鳔的作用是通过贮存气体的多少，使鱼停在不同的水层里。我们平时都见过不会游泳的动物

到了水中会沉底，可是鱼一动不动时，也能稳稳当当地停留在某一水层，不会沉下去，这就是鱼鳔的作用。鱼鳔内气体的量是可以调节的。若要

减少气体量，鳔内的气体就会通过鳔管、食管从口腔放出，或被流经鳔的血液吸收带走；若要增加气体量，流经鳔的血液就放出氧，补充到鳔内。同时，鳔可以在不同的深度放气或者吸气来调节身体比重，让自己和周围的水的比重一样，因此鱼可以轻松地停留在水中。

　　鱼死掉以后，鳔充满气体，失去调节能力，身体比重减轻。鳞脊部大都是脊椎骨和肌肉较多

动物奥秘一点通

的地方，比重较大，而腹部则多为内脏器官，空腔大，比重小，因此鱼死掉后，比重小的腹部就大多朝上了。

鱼如何游动？

大多数鱼都是通过向两边摇摆身体，靠肌肉收缩产生向前的冲力来游动，鱼鳍能使鱼游动时在水中保持直线并稳定方向。每个鱼鳍都有特定的用途，成对的胸鳍和腹鳍控制鱼的俯仰角度，成单的背鳍和臀鳍能够使鱼的身体保持直立，尾鳍则更像船中的舵。

小资料

考考你

1. 鱼的身体腹部比背部（　　）。
   A 轻　B 重
2. 鱼在水里靠（　　）调节身体比重。
   A 鱼鳔　B 鱼泡　C 鱼鳍

答案：1.A　2.A

37 现在的类人猿有可能变成人吗？

灵长类动物是所有哺乳动物中进化程度最高的动物，包括长臂猿、猩猩、黑猩猩和大猩猩。它们通常都是十分灵活的爬树能手，长着长长的四肢和灵活的手指、脚趾；大脑袋上长着宽宽的、超前的眼睛。古猿是它们和人类共同的祖先，所以它们在血缘和外形与人类都很接近。那么，现在的类人猿可能再进化成人吗？

据科学家研究发现，几百万年前，古猿由于物竞天择的压力和基因突变，分别进化为现在的人类和类人猿两种物种。

动物奥秘一点通

人类的进化是漫长的，从直立行走，到手和脚的分工，再到语言和文字的出现，然后是大脑的发展，最后才逐渐形成了现代人。

现在的类人猿还生活在大森林里，过着小家庭的生活，因为没有社会生活就无法进行交流，更无法产生语言和文字，所以它们的这种生存方式，决定了它们不可能进化成人类。

为什么说黑猩猩是最聪明的动物？

黑猩猩在所有动物中，身体构造同人类最接近。而且黑猩猩的大脑半球比较发达，表面上的褶皱也比较多。驯养的黑猩猩可以学会做简单的动作，如用餐具进食，用铲子挖土，甚至会坐上儿童用的三轮自行车骑几圈，因此说，黑猩猩是动物界中最聪明的动物。

1. 在动物界，除了人类外的最高等动物是（　）。
A 鹦鹉　B 狮子　C 类人猿
2. 人类和类人猿共同的祖先是（　）。
A 猩猩　B 古猿　C 猿人

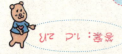

答案：1. C　2. B

38 猴和猿的不同之处在哪里？

我们经常把猴和猿统称为猿猴，其实猿和猴有很大的区别。猴有尾巴，猿没有；猴的后脚比前脚长，猿则相反；猴子走路时前脚掌着地，猿则是以指节着地或双手高举；猴的脸上有颊囊，采食时可以将食物暂时存在颊囊中，猿的脸上则没有；猴小臂的毛是往手掌方向顺着长的，而猿则是向外横着长的。

长臂猿和猩猩属于猿，长臂猿动作特别敏捷，它能利用双臂的交替摆动，在树上跃起数十米，速度非常快，它甚至可以在空中抓住飞鸟。

我们经常看到猴子之间经常互相抓搔身子，其实是在抓对方身上的盐粒。猴子平

动物奥秘一点通

常吃的食物里含盐很少，身上出汗的汗水蒸发后，盐分便同皮肤和毛根上的污垢一起结合成盐粒，当猴子觉得盐分不足时，就在对方身上找小盐粒吃，看起来好像是在给同伴捉虱子一样。

为什么大猩猩爱捶打胸脯？

大猩猩经常会做这样的动作：双手拼命捶打自己的胸脯，还"呼哧呼哧"地喘大气。人们见到这幅可怕的模样，往往会被吓坏。其实，这是大猩猩在向对手显示勇猛。如果你不去惹它，它绝不会主动攻击你的。

小资料

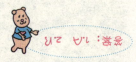

考考你

1. 猩猩属于（　　）。
A 猿　B 猴　C 猿猴
2. （　　）的脸上有颊囊。
A 猿　B 猴　C 猿猴

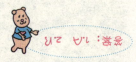
答案：1.A　2.B

39　猴王是怎么选出来的?

猴子是群居动物，不管在自然界还是动物园中，猴子都是几十只甚至几百只地集群活动，而在一个猴群里，肯定有一只身强体壮的公猴担任"猴王"。

在猴群中，除了猴王就是母猴和幼猴。因为小公猴长大后，就会被逐出猴群过流浪的生活，直到身体发育成熟。成年的公猴如果认为自己身强体壮，就可以回来挑战猴王，如果胜利，它就是新任的猴王，而老猴王则被逐出猴群。

猴王为了显示自己至高无上的地位，喜欢占领最高点，独坐在猴山顶峰，然后高高翘起弯成"S"形的尾巴，显得威风凛凛。

猴王的权利很大，可以优先挑食，独自享有交配权利。如果有猴子不服从管制，就会遭到猴王的严厉训斥。猴王同时也要保护众猴的安全和

动物奥秘一点通

部落的领土。流浪在外的野公猴到了交配的季节，常常到猴群中寻找交配的机会，这时，猴王就要带领众猴抵制来犯者，但绝不会将来犯的同胞致于死地。

猴子的屁股为什么是红的？

有人说猴子的红屁股是被火烧的，所以屁股就变红了。其实不是这样，因为猴子经常坐着，屁股上的毛就被磨掉了，露出了皮肤。猴子屁股上的血管特别丰富，这样以来就露出了血液的颜色，所以猴子的屁股就成了红色的了。

小资料

考考你

1.猴群中，除了猴王就是（　　）和幼猴。
A公猴　B母猴　C野猴
2.在一个猴群里，肯定有一只身强力壮的（　　）任"猴王"。
A幼猴　B母猴　C公猴

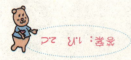

答案：1.B　2.C

40 冬天，昆虫都上哪儿去了？

　　蝴蝶等蛾类大部分是以茧的形式在地下过冬，土壤成了它们冬眠的温床，只要不受到冬耕翻地的破坏、禽畜的刨食，就可安全过冬。玉米螟、高粱条螟、粟灰螟以及多种危害水稻的钻心虫都以幼虫的形式过冬，它们钻到秸秆深处或根茎中，在越冬前尽量延长"隧道"的深度，并用啃下来的碎屑将隧道周围填满，又在隧道进口处吐丝结上一层薄网，既安全又保暖。蝗虫、蟋蟀、蚜虫、粉虱等以卵的形式过冬，成虫找到合适的地方，把卵产到那里，安全过冬。蚊、蝇大部分是以成虫过冬，每年气温逐渐下降、冬季临近时，它们就会钻到石洞、菜窖、畜舍等阴暗挡风的角落里躲藏起来过冬。

动物奥秘一点通

昆虫不管以哪种方式过冬，都要提前做好准备，首先是储存食物，其次要把体内的水分排出，防止结冰，最重要的是要找个隐蔽温暖的地方。

动物们都是怎样过冬的？

科学家发现大致分成以下三种：

一、直接过冬。羊、猪、牛、马、猴等，还有一些鸟类，它们在冬季来临之前会积蓄脂肪，还会换上一身厚厚的暖和的冬装：畜类换毛，鸟类换羽。有的动物在冬季来临时还会贮存食物，例如田鼠。

二、迁徙。大雁、燕子、丹顶鹤、天鹅等候鸟会在秋季飞到温暖的地方过冬，春天返回。

三、冬眠。旱獭、松鼠、刺猬、熊、蜗牛、蛇、山鼠以及蛙类和昆虫，例如蚊子等，当气温下降时，它们的体温刚好保持在免于冻死的水平，几个月不吃不喝，这样也不会饿死。

小资料

考考你

1. 蝴蝶在（　）过冬。
　A 地下　B 洞穴　C 畜舍
2. 蚊蝇经（　）的形式过冬。
　A 卵　B 成虫　C 幼虫

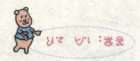

答案：1.A 2.B

41 昆虫为什么只会走弯路？

昆虫的共同特征是有 6 条腿, 1 对触角, 身体分成头部、胸部和腹部, 常见的昆虫有蝗虫、蝉、蜻蜓、蜜蜂、蝴蝶。不管是哪种昆虫, 在地上爬行时都是呈 "Z" 形的。那么昆虫为什么不会走直线呢?

原来, 昆虫的两侧各长有 3 条腿, 前腿最短, 中腿其次, 后腿最长。它在行走时, 既不能 6 条腿同行, 也不能同侧的 3 腿同时迈进。它只好把右前条腿、左中腿和右后腿分为一组, 剩下的左前腿、右中腿和左后腿分为一组。爬行时, 一组的前腿先伸出, 后腿使劲把身体向前推, 由于前后腿的长短不一, 身体就被推向偏离直线的一侧, 另一组的前腿再抬起时, 身体又被推向另一侧, 就这样, 昆虫左歪一下, 右歪一下, 呈 "Z" 形向前爬行着。

动物奥秘一点通

蜘蛛是昆虫吗？

蜘蛛没有翅也没有触须，但是人们有时候会把蜘蛛头前部一对细软的须肢当成触须。蜘蛛的身体通常分成两个主要部分：组合头胸和腹部，两部分由一个细腰连接起来。所有蜘蛛都有一对有毒的螯肢，用来杀死猎物。这些特征与昆虫不一致，因此它不属于昆虫类。

小资料

考考你

1.昆虫前行时，身子呈（ ）形向前爬行。
A直线　B Z　C竖线
2.昆虫长有（ ）条腿，而且长短不一样。
A 4　B 6　C 8

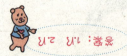

答案：1.B 2.B

42 蝴蝶翅膀上的奇妙图案有什么作用？

蝴蝶的身体和翅膀上生长着扁平的鳞状毛，白天出来活动，喜欢吃花粉、花蜜，而蝴蝶的幼虫会危害树木与庄稼。

常见的蝴蝶翅膀左右结构是对称的，而且翅膀上的图纹与颜色也是左右对称的。蝴蝶翅膀上的这些图案不仅可以起到蒙蔽敌人的作用，而且在静止不动时也可以起到恐吓作用，避免自己成为天敌的腹中食物。

动物奥秘一点通

蝴蝶的翅膀颜色绚丽多彩，人们往往把它们视为观赏昆虫。我国大部分地区处于亚热带，蝴蝶种类相当丰富。

蝴蝶的美完全在于它们的翅膀。蝶类的翅膀均长有细小的鳞片，这些鳞片像房上的瓦片一样层层排列。随着鳞片的不同排列，每只蝴蝶的翅膀会呈现出不同的色泽与花纹。鳞片表面含有油脂，使雨水无法渗透，所以在雨天，我们也会看见蝴蝶翩翩起舞。

蝴蝶也会"逃婚"么？

蝴蝶根据散发出来的性激素来辨认异性，并在空中展露舞姿向对方示爱。若不想交尾的雌蝶同时被几只雄蝶追逐求爱、紧逼和绕圈飞舞时，雌蝶会突然挟翅而下，急速降落，使雄蝶如坠迷途，雌蝶则趁机逃脱。这就是雌蝶有趣的"逃婚"。

考考你

1. 蝴蝶的翅膀上生长着（　）的毛。
A 鳞状　B 羽状　C 刺状
2. 蝴蝶翅膀上的图案不但能起到蒙蔽敌人的作用，还具有（　）敌人的作用。
A 恐吓　B 观赏　C 破坏

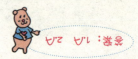
答案：1.A 2.A

43 飞蛾为什么要扑火？

　　科学家经过长期的观察和实验，终于揭开了飞蛾"扑火"之谜。科学家发现飞蛾在夜间飞行时，是依靠月光来判定方向的。飞蛾总是让月光从一个方向投射到自己的眼睛里，这样在逃避天敌的追逐或者绕过障碍物转弯以后，只要再转，月光仍将从原先的方向射来，它依旧能找到方向。这是飞蛾的"天文导航"系统。

　　飞行中的飞蛾看到火光，错认为是月光，因此，它就利用这个假月光来辨别方向。火光距离飞蛾很近，飞蛾本能地让自己与光源保持着固定的角度，于是只能绕着火光打转。由于它的两只眼睛离光源的远近不同，一只眼睛比另一只

眼睛感受到的光线强，于是它们不停地拐向光线更强的方向。这样，它们总是绕着圈子，逐渐接近火源，最后造成飞蛾扑火的现象发生。

城市里飞蛾的颜色为什么很暗？

颜色和有斑点的图案可以使飞蛾与自然界中的树叶或者树干等物体混为一体，这可以使飞蛾避免被鸟类和爬行动物所捕食。在城市里，为了能更好地与周围空气污染严重的环境相适应，飞蛾的颜色已经逐渐变暗。

1.飞蛾在夜间飞行时依靠（ ）识别方向。

A 星座　B 月光　C 北极星

2.飞蛾"扑火"是因为它（ ）。

A 喜欢火　B 需要温暖　C 把火光错认成月光

答案：1.B 2.C

44 蜜蜂怎样将消息告诉它们的同伴？

蜜蜂没有听觉器官，同伴之所以能够找到花丛的位置，其秘密就是蜜蜂的特殊动作，昆虫学家把蜜蜂这些有含义的动作称之为"蜂舞"。

1923 年，奥地利昆虫学家弗里希博士在实验中发现，蜜蜂在蜂巢上方转圆圈这种动作是告诉同伴蜜源离蜂巢很近，一般在 45 米之内。另一种动作叫做摇摆舞，蜜蜂先转半个小圈，急转回身又从原地向另一个方向转半个小圈，舞步为"0"字形旋转，同时不断摇动腰部。这种动作表示蜜源不在近处，大约为 90 ～ 5000 米范围之间，具体距离与舞蹈的圈数有关，它们的舞蹈语言非常准确，误差极小。

蜜蜂还会利用太阳光的位置来确定方向，传递信息的蜜蜂通过太阳、蜜源、蜂巢等位置来定位。蜜蜂在跳舞时，头朝太阳的方向，表示应向太阳的方向寻

动物奥秘一点通

找蜜源；若是头向下垂，背着太阳的方向，则表示蜜源与太阳的方向相反。在传递信息的蜜蜂跳舞时，会激发周围的许多蜜蜂都随着它一起起舞，由于舞蹈的队伍不断扩大，会使更多的蜜蜂得到蜜源的信息。

蜜蜂怎么储备食物？

当蜜蜂降落在花朵上时，花粉就落在了身上。蜜蜂用中腿将花粉扫下来，堆放在后腿上的特殊部位。这个特殊部位上布满了刚毛，花粉就保存在刚毛之间了。

考考你

1. 昆虫学家把蜜蜂的特殊动作叫做（ ）。
A 蜂语　B 蜂言　C 蜂舞
2. 蜜蜂会利用（ ）来确定蜂源的位置。
A 太阳　B 北极星　C 月亮

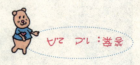

答案：1.C 2.A

45 萤火虫发光有什么秘密？

　　萤火虫是鞘翅目萤总科的一科。它是一种头被前胸覆盖，腹端有发光器，能发光，体较扁而体壁柔软的甲虫，全世界已知约2000种，分布于热带、亚热带和温带地区。萤火虫夜间活动，卵、幼虫和蛹往往也能发光，成虫的发光有引诱异性的作用。幼虫和成虫均以蜗牛和小昆虫为食，喜栖于潮湿温暖、草木繁盛的地方。

　　萤火虫的发光器官位于它的尾部，分别有发光层和反射层，它们由特殊的细胞组成。发光层呈黄白色，是一种叫荧光素的蛋白质发光物质。当萤火虫呼吸时，这种荧光素和吸进的氧气氧化合成荧光素酶，当萤火

虫呼吸时，氧气和荧光素结合产生化学反应，就会发出光来。

萤火虫发光是为了招引异性或向同伴传递信息，当遇到敌人时，它的光还可以发出紧急警报。

萤火虫是怎样求爱的？

萤火虫发出一闪一闪的光，这是交配季节雌雄之间的联络信号。它们有一套复杂的信号系统。雄虫首先发出有节奏的闪光信号，传递求偶信息，雌虫发出光信号回应，应答与呼求之间有格式固定和结构严密的间隔，在此期间，完成交配。

小资料

考考你

1. 萤火虫的发光器在它的（　　）。
　　A 脚部　　B 尾部　　C 腹部
2. 萤火虫的发光器中有一种（　　）的物质可以发光。
　　A 亮光素　　B 荧火素　　C 荧光素

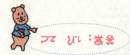

答案：1.C　2.C

46　苍蝇为什么不生病？

　　苍蝇喜欢在细菌重生的东西上爬来爬去，比如腐烂的、脏的东西或人畜的粪便，因此，苍蝇身上有着数不清的细菌。如果苍蝇落到人的食物或经常能触摸到的东西上，就会把它脚上的细菌传染给人，使人得伤寒、痢疾、急性胃肠炎等疾病。

　　苍蝇身上有那么多细菌，为什么它自己不生病呢？原来苍蝇在进化过程中，已经对这些细菌产生了免疫力，这些能引起人生病的细菌，对苍蝇本身却没有任何害处。科学家还通过实验证明，苍蝇身上的细菌主要躲藏在其消化道中，这些对身体有害的细菌在苍蝇的消化道中只能生活五六天，过了五六天后这些细菌有的已经死亡，有些没死的也会随着苍蝇

动物奥秘一点通

的粪便排出体外。除此之外，苍蝇体内还有一种抗细菌的活性蛋白，这种活性蛋白能排除和杀死各种病菌。

苍蝇传播病菌的能力特别强，所以我们要保护环境卫生，积极消灭苍蝇。

苍蝇搓脚是怎么回事？

苍蝇搓脚是为了清除脚上沾着的食物等东西，保持脚的清洁。否则，脚上的东西越积越多，不仅影响飞行、爬行，还会使它脚上的味觉器官失灵。也就是说：苍蝇搓脚是为了使脚清洁，保持它飞行、爬行和味觉的灵敏性。

小资料

考考你

1.（　　）能把细菌传染给人，自己却不会生病。
A 虫子　B 蜘蛛　C 苍蝇
2. 苍蝇身上的细菌主要藏在（　　）中。
A 消化道　B 呼吸道　C 食道

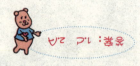

答案：1.C　2.A

47 蜻蜓为什么用尾巴点水？

蜻蜓的卵是在水里孵化的，所以蜻蜓点水其实是在产卵。蜻蜓幼年时期生活在水里长达一两年，它的幼虫有三对足，没有翅膀。长大后的幼虫爬出水面，蜕皮后就变成了蜻蜓成虫。

蜻蜓成虫到了繁殖期要进行交配，我们常看到一对对蜻蜓，一前一后地拉着飞，那是它们在交配呢。交配中的雌蜻蜓用足抱住雄蜻蜓的腹部，并将身躯弯曲，使腹部的生殖器接收精子，交配后它们一前一后飞到水边去"点水"，这就是蜻蜓在水中产卵的动作，这就是蜻蜓"咬"着尾巴举行婚礼的全过程。在整个过程中，它们可以抱着飞行或停在枝叶上。

蜻蜓是人类的好朋友，为人类能做出重大的贡献。首先，它的一生要吃掉很多蚊子；其次，它的身体结构给人类以重要启迪，直升飞机的设计师们

动物奥秘一点通

反复研究了蜻蜓的翅膀后，经过不断改进，才使直升飞机的性能达到了完美的效果。

蜻蜓为什么要把卵产在水中呢

这要从蜻蜓的食物说起，蜻蜓专门捕食苍蝇、蚊子、小型飞蛾、稻飞虱等昆虫。1小时之内，1只蜻蜓能消灭20只苍蝇或者840只蚊子。

因为蚊子的幼虫——孑孓也是生活在水中的，所以蜻蜓把卵产在水中就能解决它们幼虫的食物问题。

小资料

考考你

1. 蜻蜓点水其实是在（　）。
   A 洗澡　B 产卵　C 游戏
2. 晴蜓是人类的朋友，因为它们（　）。
   A 吃老鼠　B 净化空气　C 吃蚊子

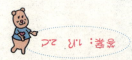

答案：1.B 2.C

48　蟋蟀为什么好斗？

　　好斗是雄蟋蟀的天性。因为蟋蟀生性孤僻，一般情况下都是独居一穴。如果两只雄蟋蟀相遇，它们必然会露出两颗大牙一决高下；而一雄一雌相遇则会柔情蜜意，互表仰慕之情。

　　据记载，娱乐性的斗蟋蟀始于唐朝，通常是在陶制的或瓷制的罐中进行。将两只雄蟋蟀放在罐中，一场激战就开始了。首先猛烈振翅鸣叫，在给自己加油鼓劲的同时灭对手的威风，然后就龇牙咧嘴地开始决斗。头顶，脚踢，卷动着长长的触须，不停地旋转身体，勇敢地扑杀。几个回合之后，常常杀得牙掉脚断还不肯罢休，直至决出胜负。

动物奥秘一点通

同时，蟋蟀有一对复眼，视力相当差，好多情况下它们在找食物的时候，完全是靠头上的那两只长长的须子。斗蟋蟀的人只消将两只蟋蟀放在一起，然后用鸡毛去拨弄它们的长须，它们就会以为是对方在打它。这样它们就你来我往的打起来了，直到打到最后不能动为止。

蟋蟀是怎样唱歌的？

在夏天的夜晚，常能听到蟋蟀在"唱歌"。蟋蟀不是用嘴巴"唱歌"，而是用翅膀"唱歌"。蟋蟀的左翅下面长着一排细细的锯齿，好像一把小刷子，它就用这把"小刷子"摩擦右翅上的锯齿，发出清亮的声音。

小资料

考考你

1. 一般情况下，（　）只蟋蟀占一个巢穴。
A 1　B 2　C 多
2. 娱乐性斗蟋蟀始于（　）朝。
A 秦　B 汉　C 唐

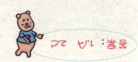

答案：1.A 2.C

49 雌螳螂为什么要吃掉自己的丈夫?

螳螂和恐龙曾经生活在同一个年代,但是身体庞大的恐龙早已从地球上消失,而螳螂却顽强地生存了下来。这是由于它的适应能力强、捕食范围广,特别是繁殖后代时雄螳螂"舍身喂妻"的生活习性造成的。

秋季是螳螂繁殖的季节,当两只螳螂交尾后,雌螳螂会用自己强大的前足将它"丈夫"的头钳住,然后张开口将它吃掉。雄螳螂在这一关键时刻并不反抗,而是为了雌螳螂肚子中的下一代考虑,将自己身体的营养送到雌螳螂的口中。因为在自然环境中,螳螂妈妈平常吃的小虫子根本不够

自身对蛋白质的需要，为了产出健康的下一代，至少要吃四五只雄螳螂才行。当螳螂妈妈产下卵后，自己也会精疲力竭而亡。所以，无论是雄螳螂还是雌螳螂都是为下一代牺牲了自己的生命。

螳螂怎样躲避天敌？

每当螳螂受惊时，它们都会振翅发出沙沙的响声，同时显露鲜明的警戒色，而且，它们还会伪装成绿叶、褐色枯叶、细枝、地衣、鲜花或蚂蚁的模样。它们经常呈现的那种翠绿色外衣与所处的环境恰好融为一体，而且总是习惯保持静止不动的姿态，令外物很难发觉。

 小资料

 考考你

1. 螳螂的繁殖季节是（　　）。
A 春季　B 夏季　C 秋季
2. 雌螳螂为了生出健康的下一代，需要吃（　　）只雄螳螂。
A 1　B 5　C 10

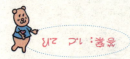 答案：1.C 2.B

50 屎壳螂为什么喜欢滚粪球？

屎壳螂是一种食粪甲虫。夏秋之季，人们经常可以在草地上看到屎壳螂滚粪球，它笨拙地把粪球滚得越来越大。

当粪球滚到适当大小时，屎壳螂把它推到偏僻安静的地方，然后用头和足把粪球下面的土挖开，使粪球下陷，再把四周的土翻松。这时，它便在粪球上产卵，产完卵后，再松一些土把粪球盖上，直到粪球与周围的地面平齐。这样，既不容易被敌人发现，卵孵出的幼虫又可以吃着粪球长大。

屎壳螂挖洞埋粪，既可以疏松土壤，还可以促进粪便的热化分解，增加土壤的肥力，利用屎壳螂这种能力，人们曾拯救了澳大利亚大草原。

动物奥秘一点通

18世纪末，当人们把第一批牛、羊等家畜引进到澳洲草原后，家畜大量的粪便严重影响了牧草的生长。为了解决这一问题，科学家提出了用屎壳郎来处理粪便的方法，并实施成功，从而使草原最终恢复了原来的面貌。

屎壳郎会飞吗？

　　屎壳螂的飞行能力在昆虫类来说是比较强的。到屎壳螂产卵的时候，有时候可能因为寻找动物的粪便而飞行好几千米。屎壳螂除了能飞之外，还能直立站起来呢，这些都是它适应生存的结果。

小资料

考考你

1. 屎壳螂的食物是（　　）。
A粪便　B蚊子　C昆虫

2. 人类利用（　　）拯救了澳洲大草原。
A袋鼠　B屎壳螂　C牛羊

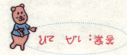

答案：1.A 2.B

51　蜘蛛为什么会织网？

蜘蛛是地球上古老的节肢动物之一，它用不着像其他动物那样四处觅食，而是织起一张充满希望的捕食网后，躲在一旁耐心地等待苍蝇、蚊子、甲虫或其他小飞虫上网。

蜘蛛织网的丝是从蜘蛛尾部的小孔中出来的，这个小孔叫丝囊，丝产生于其体内特殊的分泌腺。蜘蛛丝有极好的弹性和扩张性，小虫落在网上，虽然会把网拉长，但绝不会坠破，风更吹不破结实的网。科学家们曾用同样粗细的钢丝和蜘蛛丝一起接受负重实验，结果负重完全一样。

蜘蛛网是粘丝组成的，但是蜘蛛会给自己留一条通往网中心的不粘丝，即使自己不小心踩到粘丝上，由于它爪上能分泌油质，也不会被粘住。

蜘蛛吐丝的本领除了可以捕食外，还可以保护自己。当你把墙角的蜘蛛弹下来时，它不会马上摔到地上，而是迅速吐丝，把身体悬挂在丝线上来回摆动，然后慢慢爬到别的地方去。

所有的蜘蛛都会结网吗？

不是所有的蜘蛛都会结网，比如属于游猎蜘蛛的狼蛛是不结网的。它们目光敏锐，动作迅速。当发现猎物后，就悄悄地爬到猎物旁边，以迅雷不及掩耳之势，将小昆虫抓住，注入毒液将其毒死，然后吃掉。

小资料

考考你

1. 蜘蛛织的网主要是捕食（　　）。
A壁虎　B鸟类　C小飞虫
2. 蜘蛛尾部有一个吐丝的小孔，这个小孔叫做（　　）。
A丝孔　B丝袋　C丝囊

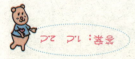
答案：1.C　2.C

52 蚂蚁是怎么认路的?

我们经常看到蚂蚁搬家时，成群的蚂蚁都是按固定的路线走，它们没有眼睛，那它们是如何走固定的路线回家的呢？

蚂蚁走路时，用头上的一对触角来探路，触角就像盲人手中的竹竿一样。触角有两种功能：一种是触觉作用，通过触角探明前面物体的形状、大小和硬度，以及前进道路的地形起伏等情况。另一种是嗅觉作用，蚂蚁走路

时，从腹部末端的肛门和腿上的腺体里，不断分泌出少量的、带有特殊气味的物质，在路上留下痕迹。回巢的时候，就用它的触角，闻着气味回家。有时候，蚂蚁还会根据太阳的方位来辨别路线。一般情况下，蚂蚁交替使用这两种方法。

用太阳方位辨别方向的昆虫还有很多，除蚂蚁外，还有蜜蜂、蝇类、金龟子等。

为什么说蚂蚁是昆虫界的"建筑专家"？

千千万万只蚂蚁集体生活在一个巢穴里却不会觉得拥挤，这是因为蚂蚁是杰出的建筑专家。它们把巢穴分成许多小洞穴，不同工种的蚂蚁住在不同的洞穴中，而且它们还把洞穴分成储食穴、仓库、育婴穴等，并且各个洞穴相通。

小资料

考考你

1. 蚂蚁的触角有触觉作用和（　　）作用。
　A 嗅觉　　B 听觉　　C 视觉
2. 蚂蚁主要是利用（　　）来寻找回家的路。
　A 视觉　　B 物体　　C 气味

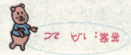

答案：1.A 2.C

104

53 一条蚯蚓被切断后为什么会变成两条蚯蚓?

蚯蚓是耕耘土壤的"大力士",它在泥土里钻来钻去,使土壤疏松,团粒结构增强,从而促进农作物的生长,是人类的好朋友。

蚯蚓属于低等的环节动物,整个身体看起来就像螺纹管。它的身体被切断成两段后,不仅不会死,而且经过几天的生长,它还可以变成两条完整的蚯蚓。这种能力叫做再生能力。动物越低等,再生能力就越强。

蚯蚓的再生能力到底是怎么回事呢?原来,当它被切断后,切口上的肌肉在收缩的同时,还可以形成

动物奥秘一点通

新的细胞团将伤口闭合。这时，它体内其他还没有分化的细胞也会迅速过来增援，与新的细胞团一起合成再生芽，内脏器官、神经系统以及血管等组织细胞也要向再生芽里大量繁殖生长。几天后，它的头尾就会自行长出，形成两条完整的蚯蚓。

蚯蚓有耳朵吗?

近代动物学家的研究证明，蚯蚓依靠身体上的感光器官来判断外界环境。蚯蚓的身体除腹面外，其他各部分都分布有感受光的器官，能够辨别光的强弱。这种光感觉器官在口和身体前端的几个体节分布较多，而身体后端则较少。

1. 蚯蚓是人类的（　　）。

A 害虫　B 敌人　C 朋友

2. 蚯蚓有（　　）能力，当它被截成两段后，可以变成两条完整的蚯蚓。

A 进化　B 再生　C 繁殖

答案：1.C　2.B

54 大象的鼻子为什么那么长？

大象的体格是随着环境的变化及自身适应环境的需要演变成的，大象的祖先们头部短而粗，还有长而重的牙，低头时很困难，转动起来也不方便。随着时间向前推移，它们的身躯越来越大，嘴和地面上草的距离也越来越大，很难吃到地上的食物，再加上四肢长得像粗大的圆柱，灵活性不够，活动起来很不方便。由于身体的不灵活，大象只好把鼻子伸长，依靠肌肉的收缩而运动，使鼻子具有手、唇和鼻子的三种功能。这样，大象的鼻子慢慢就发展成今天这个样子。

动物奥秘一点通

大象用鼻子吸水时不会被呛到，是因为它的大脑命令喉咙处的肌肉收缩，使食道上方的软骨把气管口盖上。这时，水就会从鼻腔流入食道，而不会进入气管了。

亚洲象和非洲象有什么区别?

亚洲象的体形比较小，后背比较弓，耳朵也要小点，长鼻子前端只有一个指状突起，而且只有雄象长有象牙，雌象很短或者没有。而非洲象的体形要比亚洲象大而且后背比较平缓，耳朵呈圆形，鼻尖上有两个巨大的指状突起，并且雄性和雌性都有长牙，雄象较长些。

小资料

考考你

1. 大象的鼻子除了呼吸的功能外，还具有（   ）和鼻子的功能。

A 嘴 舌　B 手 脚　C 手 唇

2. 象的祖先头短而粗，四肢粗大，活动起来很不灵活，为了弥补这样的缺陷，只好把（   ）。

A 鼻子伸长　B 嘴张大　C 脖子伸长

答案：1.C 2.A

55 为什么老虎和狮子不打架？

非洲狮是体格强壮的大型猫科动物，其体形大小仅次于老虎。非洲狮是最著名的野生动物之一，自古就被称为"百兽之王"。非洲狮最喜欢栖息于多草的平原和开阔的稀树草原，它们体长、腿短、头大、肌肉发达。

可是老虎也被称为"森林之王"，那么它们到底谁更厉害呢？有些小朋友可能会说，让它们打上一架就知道了，可

实际上，它们没办法在一起打架。这是为什么呢？

因为狮子的老家在非洲大草原，而老虎的家在亚洲森林里，两个地方相隔千山万水，它们怎么能见面打架呢？所以，它们只是在自己的领域里被其他动物尊称为"大王"。

在捕食方法上，狮子

动物奥秘一点通

喜欢相互配合，而老虎则喜欢单独行动，动物学家由此得出结论——亚洲的老虎更厉害一些。

雌雄狮怎么区别？

雌狮与雄狮在体型和毛色方面都存在着差异。雄狮的体型比雌狮大，体毛短，颜色从浅黄、橙棕或银灰到深棕色各不相同，而雌狮的体毛更带有茶色或沙色。它们最显著的区别在于雄狮有美丽的鬣毛，看上去十分威严，而雌狮没有。

1. 狮子的老家在（　）大草原。
 A 非洲　B 亚洲　C 南美洲
2. 老虎和狮子不打架的原因是（　）。
 A 祖先的规定　B 和平共处　C 不能见面

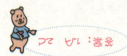

答案：1. A 2. A

56 是气候变化导致了恐龙灭绝吗?

关于恐龙的灭绝，一直是个谜。在时间上，有人说是在 8000 万年前，也有人说是在 6500 万年前。从化石的研究中发现，从恐龙的家族日渐衰落到彻底灭绝，

大约经历了 3 万年的时间。

有关恐龙灭绝的原因，有人提出是因为气候、环境变化导致的。在 8000 万年前，地表发生了一次巨大的变化。由于地壳运动，大面积的平坦土地，渐渐向上隆起，形成了山脉，海水也退到低谷中去了，陆地面积扩大，气温开始变冷，原来适合恐龙生存的热带和亚热带环境相继消失，在热带森林大片消失后，恐龙因缺乏食物而走向灭亡。

但是，科学家通过对地质学研究发现，地壳运动引起的陆地上升是缓慢的，每年只上升几厘米甚至几毫米，由它引起的气候变化相应也很慢，而恐龙在此期间，适应能力完全可以调节过来，所以，现在很多科学家不认同气候变化导致恐龙灭绝的说法，认为恐龙的灭绝是由其他原因造成的。

恐龙界的"剑客"是谁？

剑龙是一类吃植物的中等大小的恐龙。它们以四足行走，前肢短，后肢长，整个身体就像拱起的一座小山，山峰正好在臀部。背上长有许多剑板，像一把把尖刀，倒插在从颈到尾的背部，尾端有长刺。剑龙在侏罗纪晚期盛极一时，于白垩纪早期灭绝。

1. 恐龙灭绝的原因至今（　　）。
A 科学家保密　B 已查出　C 是个谜
2. 恐龙的家族日渐衰落到灭绝大约经历了（　　）万年。
A 3　B 30　C 100

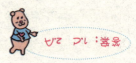

答案：1.C　2.A

57 为什么猎豹跑得特别快?

经过动物学家的研究和测定，在动物王国里，跑得最快的是猎豹。

猎豹生活在非洲大草原，它长距离奔跑的时速是 60 ~ 70 千米，而短距离的时速可达 110 千米，相当于汽车在高速公路上的速度。

猎豹能够快跑，是适应生存的结果。在非洲大草原上，它的食物是羚羊、斑马等食草动物，它们个个都是善于快跑的动物。如果猎豹想捕食它们，就必须跑得更快。于是，猎豹的身体结构进化成现在适合奔跑的体形，它的身形前高后低，腰身细长，四肢特别长，爪下还有很厚的肉

动物奥秘一点通

垫，一步就能蹿出很远，特别适合狂奔；它的脊柱弹性也很好，在奔跑时可以将身体弹向前方；它的尾巴就像灵活的舵，可以起到平衡的作用；另外，它的肺活量也很大，使它在奔跑时有足够的氧气。

为什么猎豹总是孤军奋战？

猎豹是孤军奋战的捕食者，通常在早晨或黄昏捕食。它们首先是跟踪猎物，然后高速追赶，最后是一个快速冲刺将猎物扑倒。扑倒猎物后，它们会在猎物身旁休息一段时间再进食。因此，当地的狮子、鬣狗等会趁机从它们身边掠夺食物。

小资料

考考你

1. 动物王国中，奔跑的冠军是（　　）。
A猎豹　B老虎　C狮子
2. 猎豹在短距离奔跑中，时速可达（　　）千米。
A 60　B 90　C 110

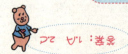

答案：1.A 2.C

58　熊猫是素食动物吗?

大熊猫作为我国特有的珍稀动物，已被册封为"国宝"。它的老家在我国的四川、甘肃、陕西的崇山峻岭中。

熊猫是活化石，大约在8000万年前，地球开始变冷，许多动物都被冻死饿死了，而大熊猫却躲在高山深谷中活了下来，至今还保持着古代动物

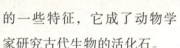

的一些特征，它成了动物学家研究古代生物的活化石。

熊猫的祖先是食肉动物，可演变到今天，它成了吃竹子的动物。它的胃不能消化纤维性的食物，只能吸收竹子中的汁水，它还爱喝泉水，竹子和泉水是它的主要食物。动物园里的熊猫还爱吃苹果和玉米。

熊猫作为我国的友好使者曾出使日本、英国、美国等国家。但是，大熊猫的繁

115

动物奥秘一点通

殖率极低，每胎只生一两只，刚出生的幼仔特别弱小，极易遭到天敌的袭击，所以熊猫种群发展极慢，再加上人类对熊猫生存空间的破坏，使得保护大熊猫成了严峻的问题。

为什么大熊猫会"醉水"？

大熊猫常生活在清泉流水附近，有嗜饮的习性。有时，它们也不惜长途跋涉到很远的山谷中去饮水。一旦找到了水源，大熊猫就没命的畅饮，以至"醉"倒不能走动，如同一个酗酒的醉汉躺卧在溪边。因此有"熊猫醉水"之说。

 考考你

1.（　）是活化石。
A北极熊　B狗熊　C大熊猫
2.（　）和泉水是熊猫的主要食物。
A竹子　B肉　C草

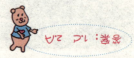
答案：1.C 2.A

59　北极熊为什么不怕冷？

北极熊有一身又长、又厚、又密的白色皮毛，这是它生活在冰海雪原中的保护服。科学家们的研究证明：它的这身保护服就是"太阳热量转换器"，能够把照射在它身上的阳光，包括紫外光线，几乎全部吸收，然后汇集到表皮上转化成热能，皮下的血液再将热能输送到全身，增加自己的体内温度。据测

定，北极熊1/4的热能需求是由这身白色皮毛提供的，这身皮毛同时又是很好的隔热体，它使北极熊身体的热量很少散失，所以北极熊不怕冷。

另外，北极熊的皮下脂肪很厚，体内还存在着一种抗寒冷的化学物

质，其作用就像往水中加入防冻剂一样，再加上外表的皮毛，所以就不怕冷了。

北极熊性格孤僻，不喜欢群居生活，它们通常居住在干燥的

动物奥秘一点通

洞穴中，但在觅食时，它们一般结成小群，在寒冬季节，北极熊在海滨若找不到食物，便向内地转移，捕捉雷鸟、北极兔和穴居冬眠的旅鼠。

北极熊也"计划生育"？

北极熊的繁殖能力很强，但是它们能根据食物的多少决定生几个孩子。食物少时，雌北极熊一次只生4只左右的幼仔；食物较多时，可以生8～15只；若食物丰富，一次可以生22只。相比较，我们的计划生育工作就要逊色的多了。

小资料

考考你

1. 北极熊的（　）是生活在冰海雪原的保护服，是"太阳热量转换器"。

A 皮毛　B 脚　C 肚子

2. 北极熊的皮下脂肪很（　），体内还有一种抗寒的化学物质，再加上外表的皮毛，所以不怕冷。

A 厚　B 薄　C 少

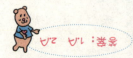

答案：1.A　2.A

60 长颈鹿的脖子为什么特别长？

长颈鹿是世界上最高的陆地动物，有人曾测量过一头比较高的长颈鹿，竟高达 6 米。

长颈鹿的祖先并不高，它们主要生长在非洲东部，靠吃草为生。后来，由于自然条件发生变化，地上的草变得稀少，为了能吃到高高的合欢树树梢上的嫩叶，它们需尽力伸长自己的脖子，因为脖子的长短，对它们来说是生死攸关的条件。这样经过一代又一代，脖子短的长颈鹿因缺少食物而被淘汰，存活下来的就都是长脖子的长颈鹿了。

长颈鹿的脖子在生存中除了警戒放哨、

动物奥秘一点通

了解敌情和寻求食物外，还是必不可少的散热塔。由于它的脖子散热作用好，才使它能更好地适应热带森林的气候条件。而且长颈鹿在跑步时，它的脑袋被长脖子置于前方，借以向前推移它的重心，这样脖子又起到了增加动力的作用。

长颈鹿惊人的血压

长颈鹿的平均身高约为 5 米，当其高高竖起颈部时，它的头部比心脏高出约 2.5 米。为了将血液输送到大脑中，它们就需要一个很高的血压，所以长颈鹿的血压要比人类的正常血压高两倍。如果把这样高的血压放到其他动物身上，这只动物肯定会因脑溢血而死去。

小资料

考考你

1.（　　）是世界上最高的陆上动物。
A 骆驼　B 大象　C 长颈鹿
2. 长颈鹿的脖子除了放哨和寻找食物外，还是一个（　　）。
A 保暖炉　B 散热塔　C 储水器

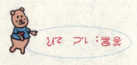

答案：1.C　2.B

61 麋鹿为什么又叫"四不像"?

"四不像"学名叫麋鹿，它的身体和尾巴像驴子，但没有驴子的大；脚蹄像牛，但没有牛的壮；头颈像骆驼，但没有骆驼的长；头上的角像鹿，但没有鹿的眉杈。所以叫做"四不像"。

麋鹿的颈和背比较粗壮，四肢粗大。主蹄宽大能分开，趾间有皮腱膜，侧蹄发达，适宜在沼泽地里行走。麋鹿的尾巴较长，是鹿科动物中最长的，末端长有丛毛。雌鹿有角，角枝形态十分特殊。

麋鹿不但在陆地上善于奔跑，而且游泳能力很强，它横渡长江易如反掌，堪称两栖动物。它的原产地是中国。1900 年，八国联军入侵北京时，杀死了很多麋鹿，几乎导致麋鹿绝种。1956 年，英国伦敦动物学会赠送我国 4 只麋鹿。目前，我国的麋鹿已多达 1500 余只。

麋鹿不凡的经历

18 世纪中国野生麋鹿种群已经灭绝，仅在北京南苑养着专供皇家狩猎的麋鹿群，后被八国联军洗劫一空，盗运国外。1985 年以来，中国分批从国外引回 80 多只，饲养于北京南苑和江苏大丰县。在江苏大丰县已建立了麋鹿自然保护区。

小资料

考考你

1.（　　）的学名叫麋鹿。
A 像四物　B 四像　C 四不像
2. 四不像的原产地在（　　）。
A 中国　B 美国　C 非洲

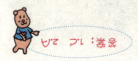

答案：1. C　2. A

62 麝为什么是最香的动物？

大家都知道麝香是高级的香料，你知道麝香是怎么来的吗？

麝又称为香獐子，它的体形很像鹿，但头上没有角。鹿科动物中，它的体型最小、也是最原始的。

麝身上有胆囊，而鹿科的其他动物却没有。雄麝长着7厘米长的獠牙，这在鹿科动物中更显得与众不同。在雄麝的脐下，长着一个奇妙的腺囊，从中可以分泌出一种具有浓烈香味的液体。这种液体不但芳香异常，而且可以长时间保持香味不散，即使在几千米外都能闻到，它就是我们所说的麝香液体。

分泌麝香是麝的一种求偶方式。平时，麝是分居的，到了初冬时节，雄麝分泌的麝香就会增多，雌麝闻到香味后，会很快找到雄麝约会成亲。

麝香不但是高级香料，也是一种名贵的药材，可以抗菌消炎、镇心安神和解毒。

最珍贵的鹿是什么?

黑麂是被国际上公认为最珍贵的鹿类。目前野生的黑麂有两个分布中心，一个是在安徽南部，另一个在浙江西部，总数仅有 5000～6000 只。现在已经在这两个中心区建立了清凉峰、古牛降、九龙山、凤阳山等自然保护区。

考考你

1. 麝的体形很像（   ）。
A 鹿　B 羊　C 驴
2. （   ）的脐下有一个可以分泌麝香的腺囊。
A 雌麝　B 雄麝　C 麝

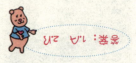
答案：1.A 2.B

63　斑马身上为什么长着黑白相间的条纹？

斑马喜欢群居，生活在非洲草原上，分为白氏斑马、北非斑马和普通斑马三种，它们身上都有美丽的黑白条纹，出现这些条纹是在长期的自然环境中适应生存的结果。

条纹主要有两种作用：第一，条纹有保护作用。斑马常在灌木丛中走动停留，条纹隐于灌木中不易被发现，从而减少遭遇敌害攻击的机会。第二，斑马原产地是在非洲大陆，那里有一种可怕的昆虫——舌蝇。动物一旦被舌蝇叮咬，就可能会染上"昏睡病"，开始发烧、疼痛、神经紊乱，直至死亡。科学家研究发现，舌蝇的视觉很特别，一般只会被颜色一致的大块面积所吸引，对于有着一身黑白相间条纹的斑马，舌蝇往往是视而不见的。斑马的条纹正是这种自然选择、优胜劣汰的结果。

动物奥秘一点通

在进化过程中，斑马的选择虽然使它有更多被捕猎的危险，但也使它成功地躲掉了舌蝇的危害，使它们的群体不断地发展壮大起来。现在，斑马已经成为非洲大草原上数量最多的动物之一。

为什么斑马会自己挖井？

水对斑马十分重要，在缺水的地方，斑马会自己挖井找水。在所有动物中，斑马找水的本领最高明。它们靠着天生的本领，找到干涸的河床或可能有水的地方，然后用蹄子挖土，有时竟可以挖出深达1米的水井，当然，这些水井也使别的动物跟着受益。

小资料

考考你

1. 斑马的原产地是（　）大陆。
A 亚洲　B 南美洲　C 非洲
2.（　）的视觉特点是只看到大面积的颜色，所以它对斑马身上黑白条纹视而不见。
A 舌蝇　B 苍蝇　C 蚊子

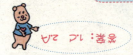
答案：1.C　2.A

64 袋鼠肚子上的"大口袋"有什么用？

袋鼠原产于澳大利亚大陆和巴布亚新几内亚的部分地区。袋鼠的后肢强健而有力，前肢由于平时不落地变得又细又短。袋鼠行走或奔跑时，用后肢做跳跃式前进，用尾巴保持平衡，

当它们缓慢走动时，尾巴则可作为第五条腿。

所有雌袋鼠的肚子上都长有"大口袋"，这叫育儿袋。小袋鼠生下来身体完全没有毛，身长不到 2 厘米，它自己不能动，更不会自己获取食物，所以必须在育儿袋里生长。袋子里有 4 个乳头，小袋鼠要在这里生活 8 个月左右，才能发育好，到外面的世界生存。

在澳大利亚生活着大约 260

种用育儿袋哺育后代的动物。袋鼠是有袋动物的代表，它能够同时哺育3个后代，一个是刚刚离开育儿袋但是还得吃奶的幼鼠，另一个是刚刚出生还在育儿袋里爬来爬去的幼鼠，还有一个待在袋鼠妈妈的肚子里，等待育儿袋空闲下来。

为什么说袋鼠是澳大利亚的象征？

作为优雅与力量的象征，袋鼠成了澳大利亚国徽上的一个重要标志。另外在他们国际航班的客机上，也画有一只奔跑着的袋鼠；此外，把大袋鼠的形象作为商标在澳大利亚也是司空见惯的事。

1.（　）袋鼠的肚子上长有育儿袋。
A 雄　B 雌　C 所有
2.澳大利亚大约有（　）种有育儿袋的动物。
A 260　B 460　C 860

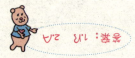
答案：1.B　2.A

65 为什么骆驼能忍饥耐渴？

骆驼被誉为"沙漠之舟"，因为它可以在沙漠中连续 10 多天不吃不喝地驮着货物行走。

骆驼的嗅觉很灵敏，顺风时可以嗅出 60 千米以内的水资源和草地，它能在 10 分钟内喝下 100 多升水，这些水可以供它行走 100 千米。它的嘴唇像橡胶，几乎可以吃沙漠和半干旱地区生长的任何植物，连荆棘都不放过。它省水的方法有 10 多种，吃的时候为了减少水分的损失，它的舌头不伸出来，夏天一天，仅排尿 1 升左右，而且在体温约 40℃时才开始出汗，从不轻

129

动物奥秘一点通

易张开嘴巴。

另外，它的驼峰是一个奇妙的脂肪贮存库，在没有食物的情况下，这些脂肪可以维持生命很久。骆驼不仅是沙漠地带著名的驮兽，而且它全身都是宝，可以为人类提供奶、肉、毛和皮革。

为什么说骆驼能预知天气？

骆驼的嗅觉和视觉十分灵敏，不仅能察觉远处的水源，而且还能预知风暴。每当风暴来临之前，骆驼就会伏下不动。在沙漠里行走的人见此情景就知道将有风暴来临，就会立即做好预防准备。

小资料

考考你

1.骆驼是沙漠地带著名的驮兽，被人们称为（　　）。
A 沙漠之舟　　B 沙漠之神　　C 沙漠之狐
2.骆驼的（　　）是它的能量储备库。
A 舌头　　B 驼峰　　C 脚趾

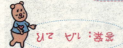

答案：1.A　2.B

66　为什么赤狐能报警？

　　狐和狸是两种不同的动物。狐长的像狗，耳朵很尖，长有浓密的毛，还有一条厚密的长尾巴；狸比狐胖些，嘴略圆，脸上两颊还横长着长长的毛，它的皮毛多为棕灰色，蓬松的尾巴是它的特征之一。

　　传说赤狐是能报警的，原来赤狐的肛部两侧各生有一个腺囊，能释放出奇特的臭味。如果猎人在设置陷阱的时候被赤狐看到了，它就会悄悄地跟在猎人的后面，在每一个陷阱的周围都故意留下一股臭味，这股臭味是一种特殊的警报，其他的同伴闻到这种臭味就知道这里是猎

131

动物奥秘一点通

人设下的陷阱，不会再上当了。

另外，赤狐可以用这种气味来标记领地，还可以通过对方留下来的气味识别对方的性别、地位等级和确定的位置。同时，赤狐的这种气味还是它们逃生的秘密武器。

赤狐从幼年到成年的变化

刚出生的赤狐什么也看不见，要依靠赤狐妈妈的保护和喂养。在成长的过程中，它们的形状也在改变——耳朵、鼻子和腿都变长了。成年赤狐的身体强壮、修长，腿也很长。浓密的皮毛能使它们保持温暖，身上的颜色可以帮助它们隐藏于林地。

小资料

考考你

1. 狐和狸是不同的两种动物，（　　）长的像狗。

A 狸　　B 狐　　C 赤狐

2.（　　）的肛部两侧各生有一个腺囊，能释放出奇特的臭味。

A 狸　　B 狐　　C 赤狐

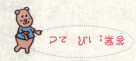

答案：1.A　2.C

67 驴为什么喜欢在地上打滚？

驴和马、牛、羊一样，都是人类的好朋友、好帮手。虽然它没有马和牛的力气大，但是，由于马对饲料和水的要求比较高，而牛的食量则比较大，相比之下，驴就比较适合喂养了。驴也是运输、犁地等农活的好帮手；而且驴还为人们提供了鲜美的驴肉，"天上龙肉，地下驴肉"，就是对

驴肉的赞美；驴皮也是一种比较好的皮毛。

驴经常在地上打滚，这是因为驴身上有寄生虫，使它身上奇痒难耐。为了去掉毛里的寄生虫，当驴子在休息时，就经常在地上打滚。一来可去掉身上皮毛里的寄生虫，蹭一下痒痒；二来一天劳累以后，在地上打打滚可舒筋、活血、解乏，是恢复体力的好方法。

马和驴是小骡子真正的爸爸妈妈。骡子虽然有比较完整

动物奥秘一点通

的生殖系统，却不能提供成熟的精子，而母骡子也由于没有助孕素不能提供成熟的卵子，所以骡子就不能生宝宝了。

喝驴奶有什么好处?

  驴奶的营养成分比例几乎占人奶所含成分的99%，富含功能性乳清蛋白和不饱和脂肪酸，可使人保持充沛的体力，具有延寿、增强抵抗力和免疫力、保肝护胃等独特的功效，还对肺结核、哮喘、胃炎等有一定的辅助治疗作用。

小资料

考考你

1.（ ）比较来说对饲料和水的要求比较高。

A牛 B马 C驴

2.驴的（ ）生有寄生虫。

A耳朵里 B毛中 C身上

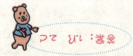

答案：1.C 2.C

68 狼为什么总是在
夜里嚎叫？

　　电视里常出现这样一些镜头，当主人公夜间走在树林里时，经常能听到狼的叫声。为什么白天听不到呢？因为狼是夜间行动的动物，每天傍晚，饥饿的狼往往成群结队地出来觅食，边走边发出低声嚎叫，这是它在发出信号，召集其他狼一起去觅食呢。

　　狼是食肉类动物，吃野兔、野鼠、田鼠等食草动物，在我们看来，狼面目可憎，残忍凶暴，甚至会伤害人畜，但是我们不能把它灭绝，因为它可以抑制那些食草动物的过度繁殖，有利于维护生态平衡。

　　狼在不同的情况下会发出不同的叫声。在繁殖期，狼会发出嚎叫声

动物奥秘一点通

来寻找配偶；在抚幼期，母狼会发出嗥叫，呼唤小狼；幼狼在饥饿时也会发出尖细的叫声；每到天黑后，饥饿的狼就会嗥叫着集群外出寻找食物。另外，狼群各个个体间要通过嗥叫传递信息，而这都是在晚上进行的。因此，人们常常在夜深人静的山区会听到狼嗥。

为什么狼的眼睛在黑夜里闪闪发光？

狼有一双闪闪发光的眼睛，是由于它眼睛的底部有许多特殊的晶点，这些晶点有很强的反射光线的能力。狼在夜间出来活动的时候，眼睛里的晶点可以把周围非常微弱的、分散的光线收拢，聚合成束，然后集中地把它反射出来，看起来好像狼的眼睛会放出光来。

小资料

考考你

1. 狼一般在（　）嗥叫。
A 晚上　B 全天　C 白天
2. 在抚幼期，母狼（　）要嗥叫。
A 寻找配偶　B 因为饥饿　C 呼唤小狼

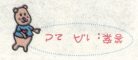
答案：1.A 2.C

69 黄鼠狼喜欢吃鸡吗?

黄鼬俗名黄鼠狼,说起黄鼠狼的名字是家喻户晓,人人皆知的。黄鼬属于鼬科动物,因为它周身棕黄或橙黄,所以动物学上称它为黄鼬。

俗话说"黄鼠狼给鸡拜年——没安好心",其实千百年来,一直让黄鼠狼背着"偷鸡贼"的骂名是不公平的。动物学家通过上百次的研究证明,黄鼠狼不是在特别饿的时候是不会吃鸡的。

黄鼠狼是蛇的天敌,即使遇到毒蛇,它也会一口将蛇咬死,并且全部吃掉。

黄鼠狼最爱吃的是老鼠。据说黄鼠狼演变成现在肢短体长的体形,就是为了捕捉老鼠。哪只老鼠遇到了黄鼠狼,它就休想活着回家。黄鼠狼还能掘开鼠洞,成窝地消灭老鼠,

动物奥秘一点通

堪称"灭鼠能手"。它除了吃蛇和老鼠外，还吃刺猬、小杂鱼、蛙类、蜗牛、蚯蚓等，它的食物如此丰富，而且随处都能找到，所以说它没必要冒着生命危险去偷鸡吃。

刺猬为什么怕黄鼠狼?

刺猬遇敌时一般会蜷成一团，依靠刺来自卫，而黄鼠狼遇到蜷成一团的刺猬时就对着它放一个臭屁，把刺猬熏得晕倒，四肢放松，露出柔软的腹部。黄鼠狼就可以从刺猬的腹部下口，吃掉刺猬。

小资料

138

考考你

1. 黄鼠狼最爱吃（　）。
A 老鼠　B 鸡　C 蚯蚓
2. 黄鼠狼除非在特别饿，而且找不到其他动物时，才会吃（　）。
A 老鼠　B 鸡　C 蚯蚓

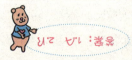

答案：1.A 2.B

70 世界上最臭的动物是什么？

最臭的动物不是指它的身体最臭，而是它分泌的物质最臭。虽然黄鼠狼、灵猫和白鼬都会放臭屁，但世界上最臭的动物要属美洲的臭鼬。

臭鼬生活在美洲的半山区或草原地带，体长40厘米，四肢粗短，尾巴粗大，样子很像哈巴狗。

臭鼬的尾巴旁有一个腺体，能分泌一种奇臭无比的液体。如果敌人靠得太近，臭鼬会低下来，竖起尾巴，用前爪跺地发出警告。如果这样

139

动物奥秘一点通

的警告未被理睬，臭鼬便会转过身，向敌人喷射恶臭的液体。这种液体如果溅到眼睛里，会导致短时间失明，如果喷到鼻孔里，会起到麻痹作用，使击中者呕吐、昏厥。如果这种液体粘到物体上，其强烈的臭味在约600米的范围内都可以闻到。所以美洲野猫、美洲豹等动物，除非饥饿难忍，一般都会避开臭鼬，甚至连猎人也不愿接近它。

臭鼬会有天敌吗?

臭鼬可以说是世界上最臭的动物了，由于臭鼬难闻的气味，几乎没有什么动物愿意接近它们，不过虎斑猫头鹰却是个例外。它是动物界惟一以臭鼬为食物的动物。

 考考你

1. 世界上最臭的动物是（　　）。
A 臭鼬　B 黄鼠狼　C 白鼬

2. 臭鼬从（　　）释放臭味，以攻击敌人。
A 鼻孔中　B 肛门　C 尾巴附近的腺体

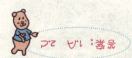
答案：1.A 2.C

71　狐狸是最狡猾的动物吗？

　　狐狸是动物界中最狡猾的动物，在童话故事里，人们喜欢把它放在军师的职位上，充当"诸葛亮"的角色。

　　狐狸的外形像狗，但四肢较短，嘴巴尖，尾巴长而蓬松。在野外行走时，它留下一条呈直线形的足迹，而狗的足迹则是呈两条直线形。

　　狐狸在众多的食肉动物中，是个弱小者，狮子、老虎、豹子等都是它的敌人。在不断的进化过程中，它的脑子进化得比其他食肉动物聪明。它只有依靠自己的智慧，使出各种各样的小计谋，才能躲避敌人的追击和捕捉到猎物。

动物奥秘一点通

狐狸的适应能力很强，无论是在森林、草原、荒漠、高山、丘陵还是平原，它们都可以生存。

另外，狐皮号称"软黄金"，是裘皮中的珍品；狐肉中的脂肪低、蛋白质高，是营养丰富的野味。

狡猾的狐狸占"新房"

狐狸是最狡猾的野生动物。它们本来是不会打洞、建窝的，可是，却能毫不费力地就能住上一间间漂亮的"新房"。春天，狐狸要生孩子了，它们就到处去找窝。乘獾子不在家，就钻进獾子洞里，在獾子干净、整洁的"新家"里又拉又尿的，并在洞口洒上狐臭。有洁癖的獾子回来一闻，直皱鼻子，只好把这个"家"扔掉，再到别处另筑新居。这时，老奸巨滑的狐狸就坐享其成了。

考考你

1. 狐狸是（　）动物。
A 肉素两食　B 食素　C 食肉
2. 狐狸依靠（　）躲避狮子的追击。
A 朋友　B 智慧　C 体力

答案：1.C 2.B

72 蛇在爬行时，舌头为什么总是不停地吞吐？

蛇的舌头俗称"信子"，细长而分叉，并且总是不停地吞吐着，特别是在爬行时，舌头吞吐得更厉害。这是为什么呢？

动物的舌头通常是味觉器官，可蛇的舌头很特别，是嗅觉器官。它的上面没有味蕾，因此它不能辨别酸、甜、苦、辣的味道。蛇的舌头常常伸出口外，能把空气中的各种化学分子粘附或溶解在湿润的舌面上，然后再判断遇

到了什么情况。当蛇把舌头伸出来得到了一些物质微粒，缩回去以后，舌头就伸到口腔前上方的一对小腔里，这个部位叫助鼻器，它与外界不相通，不能直接产生嗅觉，但是它靠舌头的帮助能实现嗅觉功能。助鼻器是由许多感觉

细胞组成的，能够把化学物质的信息通过嗅觉中枢的综合分析，鉴别出微粒中的化学物质，蛇就可以准确地捕获猎物了。

蛇的舌头一般是无毒的，也没有捕捉猎物的功能，传说中大蟒的舌头可以把人或其他动物从很远的地方吸进肚里，是没有科学根据的。

珊瑚蛇高明的伪装术

巴西有一种珊瑚蛇，头和尾巴长得一样粗，每当它们遇到敌人时，都会狡猾地把头和尾巴同时立起来，当敌人正处于混乱状态，想要分清哪个是头，哪个是尾巴时，它们早就逃之夭夭了。

小资料

 考考你

1. 蛇的舌头俗称（　　）。
A 风信子　B 信子　C 舌信
2. 蛇靠（　　）来判断遇到了什么情况。
A 眼睛　B 鼻子　C 舌头

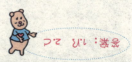

答案：1.B 2.C

73　刺猬为什么有刺？

　　刺猬个头较小，体形圆，头小，脸尖，尾小或无，背部和头顶上覆盖着一层短而无倒钩的浓密的刺。刺猬多数生长在平原、丘陵、山岭的荒草地中，昼伏夜出，嗅觉十分灵敏。遇到危险时，它把身体缩成一个刺团来保护自己。冬季气温低，刺猬很少外出活动觅食，它主要吃幼鸟、青蛙、老鼠等小动物，也吃碎米、面粉、瓜果、蔬菜等食物。

　　刺猬身上的刺不仅可以收集果子，而且还是一种极好的防卫武器。当受到别的动物侵袭时，它就会形成一个全副武装的刺球，使来犯者败

动物奥秘一点通

兴而去。

其实刺猬在遭遇突然袭击时，它们的第一反应是逃跑，如果时间来不及，它们会在不到 3 秒钟的时间内，就将脑袋、尾巴和爪子缩进背部皮肤形成的保护外壳中，这样根根尖刺竖立起来，形成一个刺球。一旦危险过去，刺猬立即展开身体逃向最近的隐蔽处。

"守株待兔"的刺猬

刺猬是名副其实的杂食家，它们的食物丰富多样。刺猬信奉"守株待兔"的原则，它们从来不去追逐猎物，只满足于送上门来的美味。它们的食量大的惊人：在几小时之内能消化 80 多只鞘翅目昆虫或蚯蚓。

小资料

考考你

1. 刺猬遇到危险时，身体会（　）来保护自己。
A 攻击对方　B 缩成刺团　C 平躺装死
2. 刺猬在（　）出来觅食。
A 晚上　B 晴天　C 白天

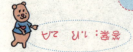
答案：1.B　2.A

74 狗害怕时为什么夹起尾巴?

狗尾巴的动作是它的一种"语言"。虽然不同类型的狗，其尾巴的形状和大小各异，但是其尾巴的动作却表达了大致相似的意思。

狗兴奋时，就会摇头摆尾，尾巴不仅左右摇摆，还会不断旋动；尾巴翘起，表示喜悦；尾巴下垂，意味危险；尾巴不动，显示不安；尾巴夹起，说明害怕；迅速水平地摇动尾巴，象征着友好。

狗的尾巴同时也是显示自己强大的标志，比如两只公狗相遇时，它们都会竖起尾巴，争斗后，输的一只会奪拉下尾巴走开，这是狗本能的一种反应。

狗尾巴的动作还与主人

147

的音调有关。如果主人用亲切的声音对它说："坏家伙！坏家伙！"它也会摇摆尾巴表示高兴；反之，如果主人用严厉的声音说："好狗！好狗！"它仍然会夹起尾巴表现害怕。这就是说，对于狗来说，人们说话仅是声源，是音响信号，不具有任何意义。

人们为什么喜欢饲养狗？

狗是人类最喜爱的动物之一，是人类忠实的朋友和助手。它们聪慧温顺、忠贞诚挚、顽强勇敢，直到现在还在巡逻警卫、侦查联络、搜索追踪、运输救助、抢险救灾、护牧狩猎、科学实验，以及陪伴玩赏等许多方面，为人类做着贡献。

小资料

考考你

1.当狗兴奋时，会翘起尾巴，在（　）时，会夹着尾巴。
　　A不安　B害怕　C惊慌
2.狗尾巴的动作和主人说话时的（　）有关。
　　A声调　B手势　C言语

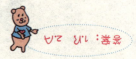

答案：1.B　2.A

75　猫和狗会做梦吗？

　　你只要在猫和狗睡觉时仔细观察一下，就会发现，它们有时会呜呜叫，有时还不停地摇尾巴或动动腿，这都表明狗和猫正在做梦。

　　法国生理学家波希尔·诺夫用猫做了一个很有趣的实验，证明猫是会做梦的，可是每次做梦的时间不超过5分钟。他阻断了

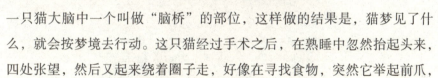

一只猫大脑中一个叫做"脑桥"的部位，这样做的结果是，猫梦见了什么，就会按梦境去行动。这只猫经过手术之后，在熟睡中忽然抬起头来，四处张望，然后又起来绕着圈子走，好像在寻找食物，突然它举起前爪，

149

双耳紧贴在脑袋上，对假想之敌猛扑过去。为了证明这些行为是在睡梦中做出的，波希尔·诺夫故意在猫身旁敲击物品发出声响，甚至将老鼠放在它身边。可是，这只猫对周围发生的一切事态都无动于衷，看来真的是在做梦。

科学家经过很多不同研究得出结论：大部分爬行动物不会做梦；鸟类和哺乳动物都会做梦。

世界上最富有的猫

1978 年 1 月，美国人格雷斯·阿尔玛临终前，把价值 25 万美元的遗产全部留给了名叫"查利·陈"的白色庭院猫。它当之无愧地成为了世界上最富有的猫。

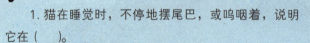

小资料

考考你

1. 猫在睡觉时，不停地摆尾巴，或呜咽着，说明它在（ ）。

A 闹情绪　B 做梦　C 玩耍

2. （ ）的生理学家波希尔·诺夫用猫做了一个实验，说明猫是会做梦的。

A 法国　B 美国　C 日本

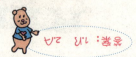

答案：1.B 2.A

76 为什么猫的眼睛一日三变?

　　猫的眼睛，不仅早、晚不一样，而且中午的时候，与早晚也不一样。原来，猫的眼球瞳孔很大，而且瞳孔"括约肌"的收缩能力特别强，对光线的反映十分灵敏，甚至能使瞳孔几乎完全闭合。猫可以在不同的光线下，很好地调节与之相适应的瞳孔。因此，猫为了能在任何时候都可以看见东西，会根据光线的强弱来调整自己的瞳孔。

　　在中午强烈的阳光照射下，瞳孔可以缩得很小，像一根线一样，在晚上昏暗的情况下，瞳孔可开放得像满月那样又圆又大。由于猫的瞳孔具有良好的收缩能力，所以，在光线过强的条件下也能清楚地看到东西。

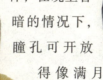

　　猫的爪子尖尖的，像五把钢钩一样，可是猫走路却没有一点声音。原来，猫的脚下长着肥厚而柔软的肉垫，脚趾末端的钩爪可以缩回。这

151

样一来，猫就可以悄然接近老鼠，趁其不备突然扑上去，伸出它那又尖又利的爪子把老鼠逮个正着。正是由于猫具有了特殊的眼睛和爪子，才能更多地抓捕老鼠。

猫妈妈为什么要舔小猫？

猫妈妈生下小猫之后就会把它们全身舔一遍。这是因为刚生下的小猫身上是湿的，猫妈妈要把它们的毛舔干，使小猫们不会受凉生病。几天以后猫妈妈会舔小猫的眼睛，让它们睁开眼睛看世界。

小 资 料

考 考 你

1. 猫眼睛的瞳孔在强烈的阳光下像（　　）。
A 一根线　B 满月　C 葡萄
2. 猫眼睛的瞳孔很大，而且（　　）能力也很强。
A 反光　B 识别　C 收缩

答案：1.A 2.C

77　白兔的眼睛为什么是红色的？

　　兔子是人见人爱的小动物，毛有各种各样的颜色，有白色的、灰色的、黑色的、茶褐色的，等等。如果你注意观察，就会发现各种兔子的眼睛也有各种不同的颜色，通常是和皮毛的颜色相一致。但为什么只有白兔子的眼睛是红色的，为什么它的眼睛和毛色不一致呢？

　　科学研究发现，兔子的毛色是由它们表皮所含的色素决定的。色素的颜色不仅表现在毛色上，同时也表现在眼睛里。眼睛的外层结构是透明的，色素的颜色很容易被看到，虽然眼球中有许多微细血管，但红颜色都被色素掩盖了，所以眼睛的颜色和皮毛的颜色一致。

而小白兔的身上不含色素，它的毛是白的，眼球本身也是无色的。我们看到小白兔长着红眼睛，是因为它的眼球内有血液，血液是红色的，就使眼睛看上去也变成红色的了。

为什么雪兔会变色?

雪兔生活在寒冷地区，周围常常是冰雪世界。为了能够隐蔽一些，躲避天敌，雪兔的毛色总随着季节的变换而改变。夏季变为棕色的，冬季除了耳朵尖上是黑色的外，全身都会变成雪白的。

1.兔子的毛色是由表皮所含的（　　）决定的。
A 微生素　B 细胞　C 色素
2.小白兔身上（　　）色素。
A 含有　B 不含

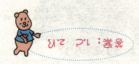

答案：1.C　2.B

154

78 雄鸡为什么能报晓?

俗话说：独有雄鸡才报晓，不是孔雀不开屏。在诸多动物中，雄鸡是唯一"信不失时，守夜啼晓"的动物。那么，雄鸡为什么这样守信报晓，持久不变呢？原来，在雄鸡的大脑和小脑之间，有一种松果形状的内分泌器官，一到晚上，就分泌出一种叫"黑色紧张素"的激素，这种激素对光特别敏感，当光的波长越过雄鸡头盖骨时，就产生化学反应，成了一种奇特的"生物钟"。随着地球自转的规律，在光的作用下，雄鸡就能够及时报晓了。这就是雄鸡为什么能够记忆明、暗的规律，一到天亮就鸣叫，而且不受天气阴晴的影响的原因。如果雄鸡受了外界刺激，也会在白天或半夜叫两声，那可能是它产生错觉的反应。

当夜幕降临，鸡的眼睛便什么也看不见了，总担心有敌人前来袭击。当夜幕和危

155

险感随着黎明的到来而消失后，它们感到无比喜悦，于是便争相高歌。公鸡啼叫的目的，还有告诉同类自己所处的地位与呼唤母鸡到自己这里来的含意。

鸡为什么喜欢"洗澡"？

鸡身上有许多小虫，为了去掉这些小虫，鸡用身体在地面上摩擦，使羽毛沾满沙粒，然后用力抖掉。这样，附在羽毛上的小虫也就被弄掉了。

小 资 料

考考你

1. 公鸡的（　　）生长在大脑与小脑之间的松果腺里。
　　A "生物钟"　　B 鸡冠　　C 嘴
2. 公鸡头脑中的松果腺一到晚上就分泌（　　）。
　　A 黑色紧张素　　B 黑色紧张酶　　C 灰色紧张素

答案：1.A　2.A

79 冬天，鸭子在河里游泳为什么不怕冷？

只要河面不结冰，鸭子一年四季都会在水中快乐地追逐嬉戏，时而发出"嘎嘎"的欢叫声。那么，鸭子为什么在冬天的河水中不觉得冷呢？

原来，冬天河水的温度比岸上要略高一些，再加上鸭子在水中不停

动物奥秘一点通

地游动，也使它的体温增高，起到抗寒的作用。还有一个重要的原因就是它的身体结构特征，鸭子小腿和脚掌的骨髓凝固点很低，即使长期处于冰水中，脚上的血液也是流通着的。它体内的许多地方及内脏周围有很多脂肪，尾部有一对很发达的尾脂腺，能分泌油脂。我们有时候看到鸭子用它扁阔的嘴啄尾部，那是它在吸油脂，然后把油脂涂抹到全身的羽毛上防寒呢。这样做还可以使羽毛不易透水，现在知道为什么只有"落汤鸡"而没有"落汤鸭"的说法了吧？

为什么一群鸭子走路总喜欢排成队?

小鸭子孵化出壳以后，它们第一眼看到会动的东西，通常是它们的妈妈。以后的日子里，它们就排成一队时时跟着妈妈，跟妈妈学习游泳和觅食，这样，我们看到的鸭子就是排成队的了。

小资料

考考你

1.鸭子（　）变成"落汤鸭"。
A 会　B 不会
2.鸭子的（　）可以分泌油脂。
A 嘴　B 腹部　C 尾部

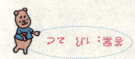

答案：1.B　2.C

80 猪为什么喜欢睡觉？

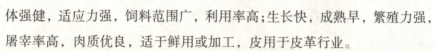

猪属哺乳纲，猪科，最早在我国由野猪驯化而成。据出土文物的同位素测定，我国养猪至少已有5600～6080年的历史。猪的躯体肥满，四肢短小，鼻面短凹或平直，耳大下垂或竖立，体毛较粗，有黑、白、酱红或黑白花等色；性温驯，体强健，适应力强，饲料范围广，利用率高；生长快，成熟早，繁殖力强，屠宰率高，肉质优良，适于鲜用或加工，皮用于皮革行业。

猪爱睡觉是因为猪的大脑里有一种叫内腓肽的物质，有麻醉作用，

动物奥秘一点通

并可以舒缓情绪。另外猪特别怕热，不爱动，再加上脑子里分泌的麻醉物质，所以猪经常睡大觉。

由于家猪是由野猪驯化而来的。野猪依靠它那又长又坚硬的鼻子拱开泥土寻找植物的根块和小动物充饥。今天的家猪虽然有人饲养，但它仍保持了野猪拱土寻食的习性，所以也喜欢拱泥土。

为什么说猪并不蠢?

经过动物学家的测验发现，猪的智能并不比狗差，在很多情况下，猪比狗更聪明，凡是狗所能做到的各种技巧，猪都可以做到。人们还发现，猪的感情很丰富，它会用不同的吼叫声、咆哮声、呼啸声及动作，表达自己的感情。有人利用猪灵敏的嗅觉让其寻找丢失的东西或在战场上嗅出地雷。

  考考你

1. 猪的大脑中有（　）的麻醉物质，可以舒缓情绪。
A 内腓肽　B 可卡因　C 吗啡
2. 除了内腓肽外，还因为（　）使猪爱睡觉。
A 运动　B 怕热　C 怕冷

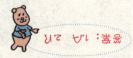
答案：1.A 2.B

81 牛不吃草时为什么嘴还在咀嚼?

牛是复胃的反刍动物,它有4个胃:瘤胃、蜂巢胃、重瓣胃和皱胃。牛每次都是很快地吞食食物,并贮存到瘤胃里,瘤胃里没有消化腺,因而不能分泌消化液,食

物在瘤胃中湿润后,在体温的作用下与胃中的微生物一起发酵,然后被返回到嘴里慢慢细嚼。细嚼后,食物被送到第二个胃——蜂巢胃里,进行消化,蜂巢胃能分泌消化液,食物先在这里进行粗消化,接着又被送到第三个胃——重瓣胃里,进行细消化。通过两次消化后,再送到第四个胃——皱胃里,进行充分消化、吸收。这就是牛不吃草时嘴也总在不停地咀嚼的缘故。

除牛之外,羊、鹿、骆驼等

161

动物奥秘一点通

也有这种本事，这是它们的祖先从远古时期遗留下来的，这样会使这些动物在比较危险或食物不多的地方抢着多吃些，然后等有时间时再慢慢咀嚼。

生活在海拔最高处的哺乳动物是什么？

牦牛是西藏高山草原特有的牛种，主要分布在喜马拉雅山脉和青藏高原。牦牛生长在海拔3000～5000米的高寒地区，能耐零下30℃～40℃的严寒，而爬上6400米处的冰川则是牦牛爬高的极限。牦牛是世界上生活在海拔最高处的哺乳动物。

小资料

考考你

1. 牛是复胃反刍动物，它有（　）个胃。
A 2　B 3　C 4
2. 除了牛，（　）也是反刍动物。
A 猫　B 狗　C 骆驼

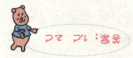

答案：1C 2C

82 老虎身上的斑纹有什么用?

世界上老虎种类一共有八种：孟加拉虎、里海虎、东北虎（又叫西伯利亚虎）、爪哇虎、华南虎、巴里虎、苏门答腊虎、印度支那虎。其中，苏门答腊虎的斑纹最多，而东北虎的斑纹最少。野生的老虎一般能活

10年，而豢养的老虎则能活上20年。

动物园中的老虎身上都有一圈一圈的斑纹，有的是黄黑相间，有的是灰褐色和黄色相间，好象漂亮的衣服一样。其实，这是老虎的保护色。

原来，在自然生活中，动物们为了避开天敌，保护自己。在进化的过程中，本身会有颜色或花纹，这样的颜色或花纹对它的生存有利，这样动物才能在自然选择中活下来，人们把这种颜

色或花纹叫"保护色"。老虎身上的花纹就是它的保护色，很早之前，老虎生活在草长林密的地方，由于身上长着斑纹，它在休息或捕食的时候，就不容易被其他动物发现了。

虎的高超本领是从哪里学来的？

虎的高超本领都是从玩耍中习得的。小虎在一起总是好动好玩，虎妈妈也会陪伴它们嬉闹，并带回活的动物来训练它们的捕食能力。小虎必须从扑打追咬的游戏中学习捕猎的技巧和智慧。

小资料

考考你

1.老虎身上的斑纹是为了（　　）。
A 好看　B 保护自己　C 武装自己
2.老虎身上的保护色是（　　）。
A 黄黑相间　B 黄色　C 红黄相间

答案：1.B　2.A

83 为什么狗的鼻子很灵敏？

狗的嗅觉器官非常发达，上面长有粘膜，经常分泌粘液来湿润嗅觉器官上的嗅觉细胞，使它的鼻子经常保持着嗅觉灵敏性。不仅如此，狗的鼻尖的表面部分还长着一块不长毛的粘膜组织，上面有很多突起点，这块粘膜组织经常分泌粘液来湿润这些突起点，从而使它更加容易接触空气。由于狗的鼻子构造比一般动物的鼻子复杂得多，所以狗的嗅觉非常灵敏；但是如果狗在发烧时，它的鼻子就会发干，当然鼻子就不灵了。

人们一般用"狗急跳墙"来形容一个人走投无路、企图反扑的狼狈

动物奥秘一点通

样子，但是，狗急了还真会"跳墙"！

狗被追得发慌时，全身的神经系统处于极度兴奋状态。同时体内的腺三磷就会在酶的作用下，极快地释放出极大的能量，瞬间把肌肉缩到原来长度的 1/3 或 1/4，猛力拉动骨骼关节使自己跳起来。不光是狗，还有其他动物，包括人在内，如果被逼急了，都会"狗急跳墙"的。

什么是狂犬病？

狂犬病又称恐水病，是由狂犬病毒引起的，主要侵犯中枢神经系统的一种人畜共患的急性传染病。狂犬病通常由病犬以咬伤的方式传给人，主要有恐水、怕风、光、声等临床症状，病死率几乎 100%。一般来说，被咬的伤口深而严重，部位越靠近头、面、越危险，必须尽快注射疫苗和免疫血清。

小资料

考考你

1. 人们一般用（ ）来形容一个人走投无路、企图反扑的狼狈样子。

A 人模狗样　　B 狼狈为奸　　C 狗急跳墙

2. 狗被追得发慌时，体内的（ ）就会在酶的作用下，极快地释放出极大的能量。

A 维生素　　B 腺三磷　　C 蛋白质

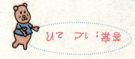

答案：1.C 2.B

84 恐龙吃什么？

恐龙现在已经成为人人皆知的动物，英国人曼特尔是最早发现了恐龙化石的人。

恐龙生活在距今 7000 ~ 22500 万年以前的中生代，大多数身体特别庞大，曾经在地球上称雄一时。恐龙分为肉食恐龙和植食恐龙两大类，大型的肉食恐龙吃植食恐龙，小型的肉食恐龙吃小动物和昆虫，有的还偷吃恐龙蛋；植食恐龙吃植物。

中生代的地球气候温暖，陆地上到处布满湖泊和沼泽，生息着许多种类的爬行动物，这些动物很多都成了肉食恐龙的食物。中生代的松柏、银杏和蕨类植物都是植食恐龙的美餐。

动物奥秘一点通

最大的恐龙是震龙，身长有 39～52 米，身高为 18 米，体重达 130 吨。细颚龙是迄今为止发现的最小的恐龙，身长只有 60 多厘米，如果不算那条又细又长的尾巴，它只比鸡大一点。

合川马门溪龙——脖子最长的恐龙

生活在 1.4 亿年前的侏罗纪晚期的合川马门溪龙（发现于中国四川合川县），是巨大的蜥脚类恐龙的一种。它们身高 3 米，身长约 10 米，是恐龙中脖子最长的。虽然它们的长脖子看起来很有弹性，但是实际上只有在采食树叶时，它们的脖子才会稍微弯曲一下。

小资料

考考你

1. 恐龙生活在（　）。
A 中生代　B 新生代　C 白垩纪
2. 大型的肉食恐龙吃（　）。
A 植物　B 小型肉食动物　C 植食恐龙

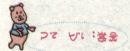

答案：1.A　2.C

85　为什么长颈鹿不会叫？

野生动物一般都能发出叫声，长颈鹿虽有长长的脖子，却没有叫声，难道长颈鹿是"哑巴"？其实，长颈鹿也会叫。那么，为什么它们没有叫过呢？

这是因为长颈鹿的声带很特殊，在它的声带中间有个浅沟，发声很困难。发声一般需要靠肺部、胸腔和膈肌的共同作用，但是长颈鹿那长长的脖子，使得这些器官

之间的距离太远，叫起来很费事，所以，它们平时就不叫了。在长颈鹿

小的时候，如果找不到妈妈了，它们还是会叫几声的。

长颈鹿的颈部有很长的颈椎骨，有比人手臂还粗的肌肉支撑着；

动物奥秘一点通

其前额有一块很坚硬的角状头盖骨，这样长颈鹿的长颈就相当于强大的铁臂，头部就成了无坚不摧的铜锤，谁也难以抵挡。

长腿的困扰

　　长颈鹿每次饮水时，都必须把前面两条腿叉开伸向两侧，或者跪在地上，显得十分吃力。所以每饮一次水它们都要起身4～6次来休息，同时还要观察四周是否有敌害逼近。因此，群居在水边的长颈鹿通常不会同时喝水。

1. 长颈鹿（　　）声带。
A 不一定有　B 有　C 没有
2. 长颈鹿的声带很特殊，在它的声带中间有个（　　）。
A 浅沟　B 回沟　C 沟壑

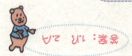

答案：1.C 2.A

86　牛看见红色才会兴奋吗？

　　很多人以为牛看见红色就兴奋，所以，西班牙的斗牛士都是手里拿着一块红布，一边躲闪，一边抖动着手中的那块红布来挑逗牛。在一片喝彩声中，被激怒的牛向斗牛士猛冲过去，想把他一下撕成碎片。

　　假如斗牛士抖动的不是红布，牛会不会兴奋呢？有人拿来别的颜色的布在牛的面前抖动时，牛依然被激怒了，不顾一切地用犄角猛刺斗牛士。由此可见，不管什么颜色的布，只要在牛的面前抖动，它都会以为那是对自己的一种挑衅，会冲过去拼个你死我活。

　　其实，科学家们研究发现，牛对颜色的辨别能力很差，这是为什么呢？动物的眼球底部有一层视网膜，而视网膜上既有感受亮光的锥状细胞，也有感受暗光的杆状细胞，当光线刺激视网膜时，动物才能看见物体及其颜色。牛眼睛的视网膜上的杆状细胞多于锥状细胞，因此，牛对物体的颜色是没有什么概念的。

动物奥秘一点通

麝牛到底是牛还是羊?

麝牛又叫麝香牛，外形上很像牛，角也像牛，母麝牛还长着跟母牛一样的四个乳头，但是尾巴却像羊一样短小，头上的角和羊一样从头顶上长出，牙齿也与羊的差不多。它们是牛与羊的过渡类型动物。没人打扰时，它们还可以反刍。

小资料

考考你

1. 动物的眼球底部的视网膜中（　）感受亮光。
A 杆状细胞　B 锥状细胞　C 卵细胞
2. 动物的眼球底部的视网膜中（　）感受暗光。
A 杆状细胞　B 锥状细胞　C 卵细胞

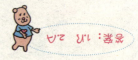

答案：1.B　2.A

87 水牛为什么爱把自己浸在水里？

牛的种类很多，主要分为野牛与家牛两类，而家牛中又有黄牛、水牛、牦牛和奶牛等几种。在我国南方最常见的是水牛，它身强力大，皮肤黝黑，喜欢把自己泡到水里。黄牛个头比较小，在我国北方比较常见。

水牛是体温恒定的动物，天生皮厚体肥，但汗腺却不发达，不能利用汗腺散热来降低体温。在天气炎热的时候，需要利用外界条件把体温降下来，最好的办法就是泡到水里，借助水温来降低体内的温度。

水牛的祖先生活在热带、亚热带地区，那里气温高、湿度大，天气一热，水牛就受不了了。特别是活动后，身体更是燥热，它就更喜欢把自己浸到水中了。水牛的这种做法还有一个好处，那就是避免了蚊蝇的叮咬。所以，水牛都喜欢泡在水里。

173

动物奥秘一点通

为什么犀牛的角特别锋利?

　　交配期间两只雄犀牛发生争执时，双方就用角来攻击，达到占有配偶的目的。犀牛角在遇敌来袭时，威力更加强劲。犀牛的角十分巨大，最长可达1.58米，角直长而尖锐，像把锋利的尖刀。犀牛的角长在脸部中间，比其他动物长在前额的两只角更能使得出劲，它尖直的角比盘曲或多叉的角更锋利。

小资料

考考你

1.水牛的（　）不发达，不能散热。
A 鼻子　B 汗腺　C 皮肤
2.水牛的祖先生活在热带、亚热带地区，那里气温高、（　）大。
A 湿度　B 太阳强度　C 热度

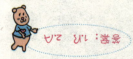

答案：1.B　2.A

88 为什么大熊猫是国宝?

我们常说，大熊猫是国宝，这是为什么呢？

大熊猫是生物学家们研究古代生物的活化石，因为它经过了上千万年，却没有发生什么变化。在数十万年以前，大熊猫非

常繁盛，遍布我国的许多地区，甚至缅甸北部也有少量分布。然而大熊猫成熟比较晚，对配偶有选择性，繁殖周期很长，每胎产仔数少，所以数目日益减少。

目前世界上只有我国才有大熊猫，是我们需要特别爱护的动物；同时它的圆脑袋上长满白色的毛，

动物奥秘一点通

有一对圆圆的耳朵，大眼睛的周围是一圈黑色的毛，像是戴了一副墨镜，四条短粗的黑腿走路慢腾腾的，性格比较温和，姿容可掬，行动逗人喜爱。它不仅是中国的"国宝"，而且还被世界野生动物协会选为会标，并常常担当中国的"和平大使"，远渡重洋，出使美国、英国和日本等国家。

大熊猫的流浪生活

大熊猫性情孤僻，喜欢独居，昼伏夜出，没有固定的居住地点，常常随季节的变化而搬家。春天它们一般待在海拔3000米以上的高山竹林里，夏天迁到竹枝鲜嫩的阴坡处，秋天搬到2500米左右的温暖的向阳山坡上，准备度过漫长的冬天。

小资料

考考你

1. 大熊猫（　）的周围是一圈黑色的毛，像是戴了一副墨镜。

A 嘴巴　B 耳朵　C 眼睛

2. 目前世界上只有（　）才有大熊猫，是我们需要特别爱护的动物。

A 中国　B 英国　C 美国

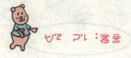
答案：1.C 2.A

89 为什么黑熊又叫熊瞎子？

黑熊的头很宽，嘴巴很大，两只耳朵又大又圆，有点像狗，因此人们叫它狗熊。

黑熊的身体肥胖而笨重，所以又叫"笨狗熊"，它的四肢比较粗壮，有五指，趾端有爪，足后有肥厚的肉垫。黑熊的主要食物是昆虫和植物的嫩芽、叶子和种子，它尤其喜欢吃蜂蜜，常常为了吃到蜂蜜而捅蜜蜂窝，最后被蜜蜂追着乱蜇。黑熊的性格比较孤僻，而且视力很差劲，看不清东西，有时候什么都看不见，因此人们又叫它"熊瞎子"。经过人工训练的黑熊还可以表演杂技，它会用两

条后腿直立，两条前腿抱拳，做出作揖的样子来，逗人发笑。

据说熊很笨，它们在捕捉小动物的时候，如果遇到了一窝，就会一个接一个地捉来，塞到腋下。尽管塞了后面一个又掉了前面一个，但是笨熊却仍然往腋下塞，到最后，它的腋下只有最后那只小动物了。

178

马来熊与黑熊有什么区别？

马来熊与黑熊虽然相似，但是这两种熊并不难区分：一是马来熊的胸部有一个新月形白斑，而黑熊的胸部有一块"v"字形白斑；二是马来熊个头小，黑熊个头大；三是马来熊的耳朵小，黑熊的耳朵大；四是马来熊体毛短而亮，黑熊的体毛长。

小资料

考考你

1.（　）的头很宽，嘴巴很大，两只耳朵又大又圆，有点像狗，所以人们叫它狗熊。

A 黑熊　　B 熊　　C北极熊

2. 黑熊尤其喜欢吃（　）。

A 蜜蜂　　B 昆虫　　C 蜂蜜

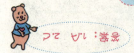
答案：1.A 2.C

90 为什么梅花鹿身上"梅花"会变？

　　梅花鹿在春夏之交，皮毛的白色素特别多，就会形成白色的毛。由于这时整个身上的毛都比较薄，这些白色的毛形成的白斑就很明显，可以清楚地看到它身上像梅花的花纹。到了秋季末期，梅花鹿就开始换毛，由于白色毛的减少，整个毛的底色比较浅，并且换上的毛又长又厚密。所以，冬天的时候梅花鹿身上的"梅花"就不那么明显了。

　　等到来年春天来了，梅花鹿换上了有梅花图案的棕红色夏装。它们经常用嘴将毛发

动物奥秘一点通

舔得油亮而又整齐，但是秋天里又换上了灰色的冬装后，雄鹿就常将自己弄得一身泥，这是雌鹿最喜欢的颜色。

其实，许多动物的毛在一年当中都是要随着季节来换的。到秋天的时候，动物换上厚厚的绒毛，就不会怕严冬的冷风了；到了春暖花开的时候，它们就换上薄薄的毛，到了夏天也不会怕热了。这是动物在长期的生活中，为了适应周围环境的冷热变化，而采取的保护自己的手段。

梅花鹿怎样争夺王位？

到了发情季节，雄梅花鹿之间就会进行激烈的求偶决斗，胜者为王，独霸雌梅花鹿群并统治雄梅花鹿群。但它们的王位很不稳定，常常被新王替代。雌梅花鹿常年独居。雄梅花鹿平时独居，发情季节归群，吼叫着，不时地排出尿液，来攻击敌人或"情敌"。

 考考你

1.（　）时候，梅花鹿身上的梅花比较明显。
A 春天　B 夏天　C 春夏之交
2.（　）时候，动物会换上厚厚的绒毛。
A 春天　B 夏天　C 秋天

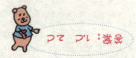
答案：1.C 2.C

91 为什么不把狼都消灭光？

　　狼与狗大小相仿，但可以从长相上把它们分辨出来。狼的耳朵是竖立的，而尾巴是下垂的，与此相反，狗的耳朵却是下垂的，尾巴是向上卷着的。狼身上的毛为黄灰色，嘴巴尖尖的，而且很宽大，两只眼睛倾斜着，放出吓人的凶光；狼是肉食性动物，吃小动物，有时候到农民家里偷吃小鸡、小兔、小羊等家畜和家禽，甚至叼走小孩。

　　狼在小说和神话故事里面都是一种让人讨厌的动物，是人类比较痛恨的动物之一，那么，为什么不把它们都消灭光呢？首先狼非常机警，而且成群行动，当其中的一只遇到人类或其他动物时，就会发出嚎叫声

动物奥秘一点通

招呼其他同伴援助，往往是上百只狼合围进攻。但是狼对人们还是有用的，它的皮毛可以做大衣，非常暖和，狼油可以做中药，肉可以食用，此外，狼可以吃掉一些破坏森林和草原的野兽，保持生态平衡。

狼怎么处理自己身上的伤口？

在苏尼特传说中，流传着受伤的狼会自己找到草药的传说。其实狼在受伤后，会用舌头舔自己身上的伤口。有时它的同伴也会帮着舔。这是因为狼的唾液中有一种杀菌的物质，同时还有一定的消炎作用。

小资料

考考你

1. 狼的耳朵是（　）的。
A 平行　B 竖立　C 下垂
2. 狼一般为（　）色。
A 棕黄色　B 暗黄色　C 黄灰色

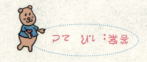
答案：1.B 2.C

92　蛇为什么能吞下比它头大得多的食物？

蛇能吞象吗？当然不可能。"蛇吞象"是讽刺那些贪心不足而不自量力的人。然而蛇却能吞下比自己的头大得多的动物。专家发现蝮蛇

能吞食比它的头大十来倍的鸟儿，在我国海南岛的蟒蛇竟然能吞食整头小羊和小牛！就是一般的蛇也能吞食比自己的脑袋大的动物。

蛇的嘴巴和其他的动物不同，蛇嘴巴的夹角能张大到130°，而人类的嘴巴的夹角只有30°，这和它的头部的骨骼有关。蛇类头

动物奥秘一点通

部接连到下巴的几块骨头是可以活动的，不像别的动物那样固定，这样它的下巴就可以向下张得很大。蛇的嘴巴两边的骨头可以连接成活动的榫头，可以向两侧张得很大，而且左右都不受限制。如此一来，它就可以吞食比它嘴巴还要大的食物了。

蟒蛇的天敌是什么？

蟒蛇虽体大力强，但属于无毒蛇，不咬人，一般在进食以后行动不便。它们看起来虽然令人恐怖，但是也有畏惧之物，例如某些植物（如葛藤、草苫等）和某些特殊的气味。据说，蟒蛇还怕汗臭，遇到蟒蛇时将脏臭的内衣投去，也能使蟒蛇伏地就擒。

小资料

考考你

1. 蛇的嘴巴的夹角能张大到（　　）。
A 110°　　B 120°　　C 130°

2.（　　）是讽刺那些贪心不足而不自量力的人。
A 蛇吞象　B 画蛇添足　C 虎头蛇尾

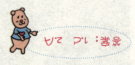
答案：1.C 2.A

93 鸟是怎样睡觉的?

鸟类和人类一样也是要睡觉的,而且它们还有很好的"午休"习惯呢!到晌午的时候,水里的天鹅、鸳鸯和许多雁鸭把头弯向背里埋到羽毛底下,在水面上幽幽闲闲地漂流,而岸边的鸭雁和天鹅以及鹮、鹤、鹭等,都是单脚伫立闭目养神。

鸟儿在睡觉时,每隔一会儿睁一下眼睛,窥视四周的动静,保持警惕,免遭敌人的袭击。鸟类学家把鸟儿们这种似睡非睡的状态,叫做"窥视"。鸟类学家们观察发现,鸟类每分钟睁 10 次眼,如果附近有敌人,它们每分钟则要睁 30~40 次眼呢!而它们的睡眠效果却仍然跟人熟睡差不多!

晚上大多数鸟类除了育雏孵卵的时候在窝里睡觉以外,一般都是在草地、灌木丛和森林中过夜的。最有意思的要数猫头鹰了,它是白天休息、

动物奥秘一点通

晚上工作的飞禽。白天的时候，它们就站在树梢上，睁一只眼，闭一只眼，那是它在睡觉，这可是它独有的睡觉姿态。到目前为止，还没有人知道鸟类一天要睡多长时间。

为什么鸟会飞?

飞是鸟的一种生存技能。首先，鸟的体型呈流线型，可减少阻力，又有羽毛，利于飞翔。另外，鸟的骨骼都有空腔，既轻又坚固，尾巴又起到平衡和控制方向的作用。有了这些有利条件，鸟类就可以在蓝天上飞翔。

小资料

考考你

1.鸟类一般不在（ ）睡觉。
A 森林　B 鸟窝　C 草丛里
2.睁一只眼，闭一只眼，是（ ）独有的睡觉姿态。
A 鸳鸯　B 天鹅　C 猫头鹰

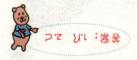

答案：1.B 2.C

94 为什么麻雀常在沙堆里拍打翅膀?

鸟类很爱干净,它们一停下来,就要想办法把自己的羽毛整理一下。为了整洁,小鸟经常用水洗澡,去掉身上的灰尘和污垢。人们饲养的金丝雀、文鸟等都有洗澡的习惯,即使严冬也坚持如此。

但是,由于像麻雀这样生活在野外,没有人类饲养的鸟类,有时候并不一定能找到洗澡的地方,就只好用沙子代替水了。我们看见成群的麻雀把沙土扬在身上,或在沙堆里拍打翅膀,它们其实是在进行沙浴,以此来去掉身上的污垢和羽虱。

其他的鸟类和禽类也有这个习性,像生活在山里的野鸡、山鸡和鹌鹑等飞禽,很少有便利的条件来洗澡,因此,也只好用沙子来洗涤身上的污垢和羽虱了。

动物奥秘一点通

麻雀是益鸟还是害鸟？

麻雀虽然也会吃谷物，但是它们在繁殖期以昆虫来哺育雏鸟，能消灭大量害虫、而且只要气候温暖，食物丰富，麻雀每年多数月份都能产卵育雏，一年可以繁殖3－5窝。所以，从总体上讲，麻雀经常是在消灭害虫；在菜园、果园、花园及房屋附近，麻雀捕食甲虫、象鼻虫、蚂蚁、臭虫、苍蝇及蝴蝶，是有益处的；在秋、冬两季，麻雀主要以杂草种子为食，对除莠还有好处；在大城市里，其他鸟类非常少，麻雀在消灭害虫、保护城市绿化中起了重要作用。

 考考你

1. 麻雀常在沙堆里拍打翅膀是在（　　）。
A 跳舞　B 玩耍　C 洗澡
2. 麻雀把沙土扬在身上和在沙堆里拍打翅膀，去掉身上的污垢和（　　）。
A 羽虱　B 沙子　C 土

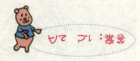

答案：1.C　2.A

95 为什么斑鸫鸟
要啄玻璃窗?

斑鸫鸟是一种冬候鸟,每年的秋末冬初,斑鸫鸟就成群结队地飞往温暖的南方过冬。到春天的时候,又飞回西伯利亚筑巢繁殖,开始新的生活。

斑鸫鸟一般吃小昆虫,它虽然个头比较小,食量却大得惊人。一只斑鸫鸟一昼夜所吃的小昆虫的总重量,几乎与它自身的体重相同。如果是在育雏期间,一对斑鸫鸟一天可以消灭 300～500 只昆虫。在秋末到冬初的时候,由于昆虫逐渐减少,雌斑鸫鸟和雄斑鸫鸟就会分开,各自在不同的地方,守护着自己的领地,不允许别的鸟进

动物奥秘一点通

入。斑鸫鸟有非常强烈的领地意识，特别是雄斑鸫鸟非常好斗，当其他的斑鸫鸟闯入它的领地时，它就会和入侵者决斗，直到把入侵者赶出去为止。有时候，它会看见自己的影子映在玻璃或镜子中，也误以为有别的斑鸫鸟进来了，就冲上去啄它。

为什么犀鸟要用泥和粪便堵住洞口？

犀鸟常把家安在树洞里。孵化期，雌鸟留在洞里，帮助洞外的雄鸟合力用泥和粪便堵住洞口，仅留一个小孔。雄鸟每次从小孔处将食物送入巢内。当幼鸟独立后，雌鸟便打破洞口离开洞穴。原来，犀鸟妈妈的这种做法是为了让幼鸟能安全地成长。

小资料

考考你

1. 到春天的时候，斑鸫鸟飞回（　　）开始新的生活。
A 委内瑞拉　B 玻利维亚　C 西伯利亚
2. 如果是在（　　）期间，一对斑鸫鸟一天可以消灭 300~500 只昆虫。
A 长个　B 育雏　C 生殖

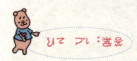
答案：1.C 2.B

96　企鹅是怎样繁殖后代的？

企鹅是脊椎动物，生活在世界最寒冷的地方——南极冰原。在那个冰天雪地的地方，只有企鹅这种比较善于保持热量、抵御严寒的动物，才能在那里繁衍生息。那它是怎样繁殖后代的呢？

企鹅的繁殖方式很特别，到了繁殖季节，雄企鹅和雌企鹅就结为伴侣，建立永久性的配偶关系。它们用小石头在地面上堆巢，里面铺上干草、枯枝等，雌企鹅每窝产一两枚卵，产完卵后交给雄企鹅去孵卵，自己就到海洋中觅食。

雄企鹅的腹部皮肤皱褶形成一个孵卵巢，它就用喙把卵放进孵卵巢里，靠体温保持孵化温度。雄企鹅在南极零下 60℃的恶劣环境里，任凭狂风呼啸、腹内饥饿，坚持 60～80 天之久，靠消耗自身的

191

脂肪来维持生命。在小企鹅破壳而出的时候，吃得又肥又大的雌企鹅回来了，从雄企鹅的怀中接过小企鹅，用嗉囊分泌物来喂养小企鹅。雄企鹅这时才可以松一口气，赶忙到海中捕食，补充身体养分。

模范爸爸——帝企鹅

帝企鹅从不筑巢，企鹅妈妈产下蛋后，爸爸就将蛋放在脚上，然后伏在蛋上，用腹部下端的皮肤把蛋盖住。为了保持蛋的温度，爸爸连睡觉时都站着而且无法吃东西，完全靠消耗脂肪来维持生命。这种状态要持续两个月。

1. 企鹅生活在（　）。
A 赤道　　B 南极　　C 北极
2. （　）承担孵卵的重任。
A 雄企鹅　B 雌企鹅　C 小企鹅

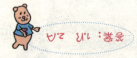

答案：1.B　2.A

97 鸭子走路为什么老是一摇一摆?

　　仔细观察鸭子走路的姿态,就会发现它的脖子伸得长长的,挺着胸,一摇一摆往前走。鸭子走路为什么要一摇一摆呢?这和鸭子的生活习性有关。

　　鸭子主要生活在水中,在漫长的进化中,脚的三个前趾之间形成了蹼,胸部宽广而平。为了能游得更快,就必须增大蹼与水的接触面积,这样就增加了前进的推力,脚的位置相应地稍微后移。鸭子登陆的时候,由于双脚不在身体中央,相应的重心不在两脚之间,身体就有向前倾倒的可能性。为了使身体处于平衡状态,鸭子就将身体的重心向后移到双脚处;同时它的腿比较短,带动身体一起摆动,走起路

193

动物奥秘一点通

来就一摇一摆了。

鸭子和鸡一样，有翅膀却不能飞。很久以前，野鸡、野鸭在森林里自由飞翔；后来，被人们捉来在笼子里喂养，它们也慢慢习惯了被喂养的生活，渐渐地变成了胖肥的家鸡、家鸭。翅膀的功能也渐渐退化，虽然有翅膀也飞不高了。

企鹅走路也一摇一摆吗?

企鹅生活在冰天雪地的南极，走路时一摇一摆，显得十分可爱。因为它的脚是蹼脚，脚的三个前趾之间由皮膜连在一起。由于企鹅的脚蹼比较大，身子高，两条腿短而粗，所以走起路来一摇一摆的。然而这种脚型加大了和水的接触面积，能在游泳的时候增大推动力。

 小资料

考考你

1. 鸭子主要生活在（　）中。
A 陆地　B 海　C 水
2. 鸭子的（　）比较短，走动时连身体也跟着摆动。
A 翅膀　B 腿　C 脖子

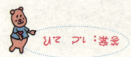 答案：1.C 2.B

98 为什么燕子的尾羽是叉形的?

家燕又名元鸟、玄鸟,前额、喉部和胸部为栗色,喜欢在平原地带筑巢。家燕的巢多筑在住家的横梁上或屋檐下,多用软泥、干草筑成,呈碗状。燕子一般为"一夫一妻"制,每年产两次卵,每次 4～6 枚。

燕子是候鸟,每年秋去春来,很有规律。

燕子的背部为黑色,闪着金色蓝光,它有一对狭长的翅膀,尾羽分叉,很像一把剪刀。燕子的这种尾羽对它的捕食非常有利,它可以帮助燕子飞得更快,减少空气阻力,转弯也更加灵活,捕飞虫也快而准。燕子捕食的昆虫种类很多,有蚊子、苍蝇、金龟子、蚜虫等。

动物奥秘一点通

它们张开网兜状的嘴巴，在地面或水面掠行，不断捕食。据统计，一对家燕和它们的雏燕半年内能吃掉 50~100 万只害虫。

所有燕子的窝都能吃吗?

燕窝又称燕菜、燕根、燕蔬菜等，顾名思义，也就是是燕子的窝。不过它不是普通燕子的窝，而是雨燕科动物金丝燕及多种同属燕类用唾液与绒羽等混合凝结所筑成的巢窝，形状像元宝，窝外壁由横条密集的丝状物堆垒成不规则的棱状突起，窝内壁由丝状物织成不规则网状，窝碗根却坚实，两端有小坠角，一般直径为 6~7 厘米，深 3~4 厘米。主要产于我国南海诸岛及东南亚各国。

小资料

考考你

1. 燕子的尾巴像（　　）。
A 匕首　B 剪刀　C 刀子
2. 在我国，燕子属于（　　）。
A 家畜　B 家禽　C 候鸟

答案：1B 2C

99 喜鹊真的会给人报喜吗?

人们经常说"喜鹊叫,喜事到",也常以"喜鹊闹梅"图来表示喜庆。但如果听到乌鸦或猫头鹰的叫声,人们就认为会有灾祸发生。那么,喜鹊真的会给人报喜吗?

其实鸟类根本不可能预知未来,喜鹊报喜是人的主观想象,没有任何科学根据。

喜鹊的羽毛黑白相间,栖息时一条长长的尾巴上下摆动,十分讨人喜爱。清晨,喜鹊会飞到田野和庄稼地里吃害虫,同时也会吃很少一部分的谷类和植物种子。由于它不但有灵巧可爱的外形,还可以捕捉害虫,人们当然喜欢它了。而乌鸦全身羽毛乌黑,叫声凄厉,经常在树上聒噪不休,所以人们不喜欢它。

喜鹊的叫声虽然不可以报喜,却可以当作晴雨表。当它鸣叫婉转时,

往往是晴天的预兆；如果喜鹊在树上不停地跳来跳去，叫声参差不齐，则是阴雨天快来的征兆。

为什么鹦鹉能模仿人说话？

鹦鹉喉咙里控制鸣叫的肌肉特别发达，能发出清晰的音调。而且它的舌头长得柔软、尖细而灵活，可以模仿人的声音。经过训练，它就可以摹仿人说话了。

1. 喜鹊（　）给我报喜。
A 不会　B 会
2. 喜鹊的叫声有（　）的作用。
A 晴雨表　B 报喜　C 报灾难

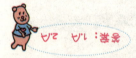

答案：1.A　2.A

100 鸟巢是鸟睡觉的地方吗？

很多人都认为鸟巢是鸟儿的家，也是鸟儿睡觉的地方，实际上却不是这样的。

动物学家在观察鸟类生活习性时发现，许多鸟儿并不在鸟巢中过夜，就连狂风暴雨的时候也不到巢中藏身。例如，野鸭和天鹅，夜晚睡觉时，它们总把脖子弯曲着，将脑袋夹在翅膀之间，身体漂浮在水面上；而鹤、鹳、鹭等长脚鸟类，则喜欢站在地上睡觉。

既然鸟儿不在鸟巢中睡觉，那为什么要辛辛苦苦地筑巢呢？原来，鸟巢对大多数鸟类来说是繁殖后代的"产房"。在通常情况下，雌鸟在巢中产卵和孵卵，等小鸟孵出后，鸟巢又成为育儿场地。当小鸟长大开始

动物奥秘一点通

独立生活时，鸟巢的重要使命已经完成，最终被鸟儿遗弃。

地球上的 9000 多种鸟类中，大部分鸟类的鸟巢仅仅是为了养育后代，不作为夜晚睡觉的家。

织巢鸟怎样织巢？

在鸟类中，织巢鸟是出名的"建筑大师"。它们能用柳树纤维、草片等编织出精美异常的巢，由上而下把巢封好，并在底部留下一个入口。织好巢以后，织巢鸟还会再找一些小石块，放在窝里，防止巢被大风刮翻，真是考虑得既仔细，又周到。

小资料

考考你

1. 大多数鸟儿（ ）鸟巢中睡觉。
   A 在　B 不在
2. 大多数鸟儿在鸟巢中（ ）。
   A 繁殖后代　B 躲风避雨　C 睡觉

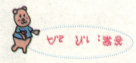
答案：1.B 2.A

101　鹌鹑蛋上的花纹是怎么形成的？

　　大家经常吃的鹌鹑蛋上有许多黑白斑点，怎么洗都洗不掉，那是怎么回事呢？

　　原来，鹌鹑在下蛋前5个小时左右，硬壳蛋已经在输卵管内形成。在蛋缓慢下行的过程中，输卵管里色素细胞会不停地分泌出各种颜色的色素，以不同的比例，一层一层涂在蛋壳上，"绘制"出各种不同的图案。由于蛋壳外面有一层透明的保护膜，所以蛋壳上的图纹可以经久不褪色。

　　世界上的鸟蛋有各种各样的颜色和花

201

纹，画眉的蛋是纯蓝的，短翅树莺的蛋像红宝石，大白鹭的蛋是翠绿的，夜莺和海鸥的蛋上有大理石般的花纹。其实，这都是鸟类抵御天敌和繁衍后代的本能使然。例如，白鹭把蛋产在石滩上，它的蛋与鹅卵石很接近；在红色土壤地区，鸟蛋多呈红色；在北方灰色土壤地区，鸟蛋则多带灰色。

为什么雌鸵鸟允许其他鸵鸟在自己巢中产卵？

雌鸵鸟主人允许其他不相干的雌鸵鸟在自己的巢中产卵，因为这样可以减少它自己的卵被猎食者偷走的可能性。主人能够根据蛋壳上气孔的图案辨别出自己的卵。

小资料

考考你

1. 鹌鹑蛋外面有一层（　　），使蛋壳上的图纹经久不褪色。

A 粘膜　B 蜡　C 保护膜

2. 鸟在下蛋的过程中，输卵管里的（　　）细胞会分泌各种色素涂在蛋壳上。

A 色素　B 染色　C 色青素

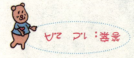

答案：1.B　2.A

102 丹顶鹤的丹顶有毒吗？

丹顶鹤的丹顶是腺体前叶分泌的激素而产生的，丹顶鹤的幼鸟是没有丹顶的，只有成熟后，丹顶才会出现，这是一种生理现象。

丹顶鹤的丹顶大小和色度并非一成不变，从季节来看，春季时丹顶的红色区域较大，而且色彩鲜艳；冬季则较小。从情绪来看，轻松时丹顶的红色区域较大，色泽鲜艳；恐惧时则较小。从身体状况来看，健康时丹顶的红色区域较大；生病时则缩小，表面还略呈白色。当丹顶鹤死后，丹顶就会渐渐褪去红色。

有人曾经做过试验，在小动物的食物中加入丹顶鹤的"丹顶"细屑，小动物们吃了以后并没有任何异常的

动物奥秘一点通

反应,这说明丹顶鹤的"丹顶"并没有剧毒。那么,古人所说的"鹤顶红"到底是什么物质呢?其实那是红色的砒霜,"鹤顶红"只是砒霜的名字,并不是指真的丹顶。

为什么丹顶鹤被称为"仙鹤"?

　　丹顶鹤在空中飞翔时,头、颈和细长的腿都伸得笔直,前后相称,十分闲适自得,使它充满遗世独立的"仙"韵。丹顶鹤的寿命可达五六十年,这在鸟类中是长寿的。我国民间传说中,仙人总是以丹顶鹤为伴,驾着祥云飘忽而来,一路高歌前行,因而丹顶鹤也就有"仙鹤"之称了。

考考你

　　1.丹顶鹤的幼鸟(　　)丹顶。

　　A 有　B 没有

　　2.丹顶鹤的丹顶会随着季节、情绪和身体健康状况的不同而变化,它是(　　)毒的。

　　A 有　B 没有

答案:1.B 2.B

103 为什么猫头鹰是 "夜间猎手"？

猫头鹰是一种在夜间活动的鸟，嘴和爪呈钩状，十分锐利，两只眼睛位于正前方，眼睛四周的羽毛呈放射状，周身羽毛多数为褐色并有许多细细的斑点，眼睛的视网膜里有许多圆柱状感光细胞，感光非常灵敏。白天强烈的阳光，使它的眼睛不适应这种强烈的刺激。而且白天的飞行动物中有它的天敌，所以为了防范敌人，睡

觉时它们的两只眼睛只好轮流休息。

猫头鹰的视力集中，能清楚地分辨景物的前后距离，帮助它在黑夜里确定捕捉目标。它的视力虽然很好，但是眼睛却不会转动。如果猫头

动物奥秘一点通

鹰想看看四周，惟一的办法是转头：它的脖子能转180°，而且转得非常快。猫头鹰耳朵的耳孔很大，耳壳发达，地面上一些小动物活动时发出的细微声音，都能听到。它的羽毛柔软，飞起来轻盈得像一阵微风。由于猫头鹰只能在夜间活动，所以人们都称它为"夜间猎手"。

猫头鹰真会带来灾祸吗？

猫头鹰是对人类有益的鸟类。它在抓田鼠保护庄稼的同时，也避免田鼠给人类传播瘟疫，所以说我们要保护猫头鹰。民间流传的那种"猫头鹰会带来灾祸"的说法是没有科学根据的。

1. 猫头鹰（　）出来飞行寻食。

A 白天　B 夜晚　C 阴天

2. 猫头鹰吃（　），保护庄稼，防止瘟疫的传播。

A 蚊子　B 田鼠　C 蛇

答案：1.B　2.B

104 鸳鸯是最恩爱的"夫妻"吗？

中国的传统文化中，鸳鸯是忠贞不渝的爱情的象征，但是科学家经过研究发现，鸳鸯平时不一定有固定的配偶，只有在繁殖期才成双成对，才有引人注目的亲密接触。雌鸳鸯担任着繁殖后期的产卵孵化工作和幼雏的抚养任务，雄鸳鸯全不负责，而是完全只顾自己，这怎么能称得上是"夫妻恩爱"呢？而且，如果其中一方死亡，另一方也不会守节，而是马上另觅新欢，把旧情抛在脑后。

207

动物奥秘一点通

雄鸳鸯很漂亮，是世界上最美丽的水禽之一。它的头上有红色和蓝绿色的羽冠，面部有白色眉纹，喉部金黄，颈部、胸部紫蓝，两侧黑白交错，嘴鲜红、脚鲜黄，令人过目难忘。雌鸳鸯则只有一身深褐色的羽毛，显得朴实无华。

谁是动物世界里最痴情的动物？

鸳鸯在中国一直是恩爱的代名词，常被称作"守情鸟"。然而，鸳鸯并非如人们所说那样坚贞不移、生死与共。雌雄鸳鸯在热恋期间的确情深谊长，形影不离。但交配后，雌雄鸳鸯便分道扬镳。

最痴情的动物是天鹅。姿态优雅的天鹅总是出双入对，当它们的另一半去世后，它们就会变得郁郁寡欢，有的绝食殉情，有的撞墙自尽，甚至有的天鹅飞至高处，突然快速冲向水中，跳水而死。

1. 中国的传统文化中，对爱情忠贞不渝的楷模是（ ）。

A 鸳鸯   B 企鹅   C 相思鸟

2.（ ）鸳鸯的羽毛特别漂亮。

A 雌   B 雄

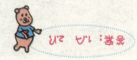

答案：1.A 2.B

105 海鸥为什么要追逐轮船？

当轮船在大海中航行时，四周白茫茫一片，这时站在甲板上时常能看到银光闪闪的海鸥展开双翅，时起时伏地跟着轮船前行。

海鸥为什么要跟着轮船飞呢？这是因为它为了省力和品尝美食。由于大气中的气温差异，造成了空气的流动，空气流动形成了风，在大海上，风在流动的过程中会遇到岛屿、轮船、海浪等，这时，空气就会上升，形成一

动物奥秘一点通

股强大的气流。这种上升的气流能托住海鸥的身体，海鸥则利用这股气流，不用扇动翅膀也能跟着轮船飞翔。还有一个原因，当轮船航行时，船尾会激起阵阵浪花，把海里的鱼翻打上来，以鱼类为主食的海鸥当然不会错过这不劳而获的机会啦。

同时，海鸥的眼睛上方有特殊的盐腺，能将海水中的盐高度浓缩后排泄出去，所以一点也不怕咸。盐溶解排放时，经过鼻孔、外鼻孔不停地流出。这样就保证了海鸥能够长期在海面上飞翔。

为什么说信天翁是"天气预报员"？

信天翁也生活在海上，它们喜欢在风浪滔天的天气里出来。每当大洋上暴风雨来临的时候，信天翁就会在海面上展翅高飞。海员们常常根据它们的这种习性做好预防准备。在科技不发达的时代，信天翁的这种习性帮助许多人躲过海难。

小资料

考考你

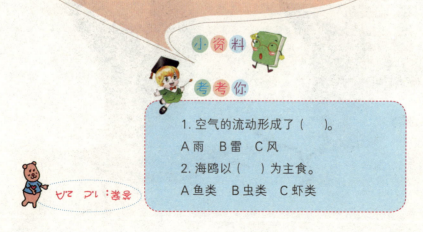

1. 空气的流动形成了（　　）。
A 雨　B 雷　C 风
2. 海鸥以（　　）为主食。
A 鱼类　B 虫类　C 虾类

答案：1. C　2. A

106 为什么丹顶鹤总爱用一条腿站着?

全世界的鹤类家族共有 15 种，我国有记录的达 9 种，几乎占鹤类总数的 2/3，是世界上拥有鹤类最多的国家，享有"鹤类乐园"的美称。

丹顶鹤落在沼泽地或河边的时候，常常是一条腿站着，另一条腿缩到身子下面，这就是它们的休息方式。不光是丹顶鹤，很多游禽、鸥类都有这种休息习惯，当一条腿疲倦时，就换另一条。但是它们在寻找食物的时候，从来都是两只脚都着地的。

在动物世界里，丹顶鹤只能算是一种弱小的动物，它们有许多强大的天敌。它

们要生存下去，必须时刻保持高度的警惕性。丹顶鹤在野外生活的时候，为了防止敌害的突然袭击，它们就不能卧在地上休息，一旦遇见敌害来袭击，它们只要拍拍翅膀很快就会飞上天空了。况且，这样单脚伫立的动作，比两只脚站着看得更远，也可以早点发现敌害的踪影。

黑颈鹤的求婚之舞

黑颈鹤的"婚配"极为有趣，它们在成婚之前要先举行"求婚"仪式。先是雄鹤在雌鹤的身边跳舞，雌鹤在一旁窥视。舞蹈停止后，雄鹤又引颈高歌。这时，如果雌鹤接受"求婚"，便应声伴唱，接着，雌雄双双翩翩起舞，高声唱歌，这就算是举行了"婚礼"仪式，然后一起返回芦苇丛中共建新房。

小资料

考考你

1. 丹顶鹤一条腿站着，另一条腿缩到身子下面，这是它（　）时经常采用的站立方式。
　A 飞翔　　B 休息　　C 觅食
2. 丹顶鹤在（　）时两只脚着地。
　A 飞翔　　B 休息　　C 觅食

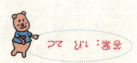
答案：1.B 2.C

107 中国的"天鹅湖"在哪里?

在我国新疆天山中部的冰天雪地之中,有一个巨大的巴音布鲁克草原,它的中心地带有一个约1370平方公里的高山湖泊,这就是珍禽天鹅的主要聚集地——巴音布鲁克"天鹅湖"。巴音布鲁克海

拔2500米左右,没有明显的四季之分,却有寒季和暖季之分,每年的6～8月份是暖季,平均气温在8～10℃,雨量比较充分,水生动植物比较繁茂,适合天鹅在这里栖息。

213

动物奥秘一点通

天鹅湖是由周围雪山上的雪水汇集而成的。每年的春天，成千上万只天鹅从印度洋沿岸和非洲南部飞到这里过冬。众多水鸟在这里和睦相处，发出各种不同的叫声，如同鸟类的大合唱，其中天鹅的鸣叫是主旋律。天鹅洁白的羽毛、飘逸的姿态、翩翩的舞姿给洁净碧绿的湖泊增添了无限的诗情画意。

天鹅到底能飞多高？

天鹅的飞翔能力超出人们的预料，《吉尼斯世界纪录大全》把它们列为世界上飞得最高的鸟。因为有证据表明，天鹅能飞越世界最高峰——珠穆朗玛峰。随着秋天的来临，天鹅成群结队地向长江以南地区飞翔，到温暖的南方过冬。它们飞得很快很高，定期以9144米的飞行高度飞越喜马拉雅山的珠穆朗玛峰，轻松地保持着此项世界纪录。

小资料

考考你

1. 中国的"天鹅湖"在（　）
A 西藏　B 新疆　C 甘肃
2. 巴音布鲁克每年的 6～8 月份是（　）季
A 春　B 寒　C 暖

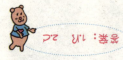

答案：1.B　2.C

108　孔雀为什么会开屏?

　　孔雀是一种美丽的鸟,是世界上有名的观赏鸟。世界上的孔雀可以分为3种:生活在中国云南南部和东南亚的绿孔雀,生活在印度和斯里兰卡的蓝孔雀,以及数量稀少的由蓝孔雀变种的白孔雀。

　　孔雀开屏时,光彩艳丽的尾羽就像一把漂亮的大扇子。长着漂亮羽毛的孔雀一般是雄孔雀,孔雀开屏最频繁的季节是在春季三四月份。雄孔雀开屏其实是在求偶,它为了展示自己漂亮的羽毛,以引起雌孔雀的注意,或者是为讨好雌孔雀,希望雌孔雀与自己在一起多生一些孔雀蛋,这都是出于动物的本能。另外,当孔雀受到惊吓时也会开屏。在动物园中,游客穿着漂亮醒目的服装站在孔雀面

动物奥秘一点通

前时，孔雀常常会开屏，大家以为孔雀开屏是为了与人类比美，其实不然。动物学家研究认为，孔雀此时的行为是因为受到了惊吓而产生的防御示威行为。

孔雀身上的羽毛为什么会反射多种光彩?

孔雀的羽毛表面长了一层薄薄的角质。这种角质有特殊的功能，可以把日光反射成灿烂夺目的多种色彩。人们从孔雀身上看到的，正是光线通过角质反射或折射出来的颜色，而不是羽毛本身，这种颜色会随着光照角度的变化而改变，因而很不稳定。

小资料

216

考考你

1. 孔雀开屏最频繁的季节是在（ ）份。
A 二三月　B 三四月　C 四五月
2. 孔雀除了在（ ）时开屏，还在受到惊吓时开屏。
A 求偶　B 天冷　C 天热

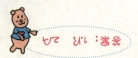
答案：1.B　2.A